JN189694

ChatGPTを活用した英語論文執筆の基本

―機械翻訳を併用した最強の手法―

西山聖久 著

化学同人

プロンプト集ダウンロードサービス

本書の Chapter 4 と 5 で紹介している，ChatGPT 向けのプロンプトをダウンロードしていただけます．

下記 URL または二次元バーコードから本書のページを開き「内容説明」のところの「プロンプト集」をダウンロードしてください．

https://www.kagakudojin.co.jp/book/b651175.html

テキストファイルですので，必要な部分をコピーして，ChatGPT に貼り付けてご使用ください．

まえがき

まずは，本書を手に取っていただいたことに感謝申し上げます．本書の内容は，英語論文執筆に関して，筆者自身が英国に留学した際に直面した困難と，その後，国立大学の教員として多くの学生をサポートした経験から生まれた強い問題意識に基づいています．

筆者は長年，国立大学の教員として，主に工学部の学生や研究者の英語論文執筆のサポートに携わりました．ここでは，自分が想像していた以上に，留学中の自分と同じように，英語論文執筆に苦戦する学生や研究者が多いことに気がつきました．彼らを支援するうちに，留学中の自分も含めて，日本人の多くは英文をブラッシュアップするための判断基準がないこと，そしてそれ以上に，研究の関係者と論文執筆の方向性をうまく共有できないまま，執筆作業を進めてしまっているケースが多いことが根底の問題として存在しているのだと確信しました．英語論文執筆に苦戦する学生・研究者の多くは，その原因を自身の英語力に求めています．また一般的にも，特有の表現や用語など，論文に特化した英語力を身につけることで英語論文を執筆できるようになると考えられていると感じています．

このような背景もあり，筆者は，英文の判断基準に関しては，3C（Clear（明確），Correct（正しい），Concise（簡潔））を重視するテクニカルライティングの考え方に注目しています．そして，論文執筆の方向性の共有に関しては，分野横断的に活用可能なテンプレートを提案しています．

筆者は，ここ5～10年の，機械翻訳の精度が目覚しい発展を遂げる環境下においても，英語論文執筆のサポートをしていました．これにより基本的な文法やつづりなど，英文の初歩的なミスなどは激減したのは間違いありません．一方で，機械翻訳の性能がどれだけ向上しても，上述した英語論文執筆の困難の根底にある問題は解決されるわけではないことも確信しました．そこで筆者は，2022年5月に，機械翻訳を3Cな英文を書くための便利なツールとして位置付け，その使用を前提とした英作文の技法をまとめた『理工系のAI英作文術―誰でも簡単に正確な英文が書ける―』（化学同人）を出版しました．紙幅の関係上，研究の関係者との内容の共有に関しては触れられませんでしたが，より多くの学生・研究者が，短時間で3Cな英文を書くための道筋はつけられたと考えています．

それから約半年後，世間ではChatGPTが画期的なツールとして注目されるようになりました．ChatGPTを用いれば，翻訳も含め精度の高い英文生成が可能になります．『理工系のAI英作文術』において，機械翻訳を活用する場合にも最終的には人による判断が求められるとした「文脈の理解」，「冠詞の選択」，「単数・複数の判断」なども，かなりのレベルで克服されていることに驚愕しました．正直，これにより，機械翻訳の時代は終わりを告げたとともに，苦労して執筆した書籍の価値が1年も経たないうちに雲散霧消してしまったのではないかと戸惑いました．

その後，幸いなことに，『理工系のAI英作文術』の出版がきっかけとなり，複数の英語教育関連の専門家の方と，さまざまな視点から議論をさせていただく機会に恵まれました．これらの議論や自身でChatGPTを活用した結果，英語論文執筆の根底にある問題は完全に解決されたわけではなく，特に研究の関係者と論文執筆の方向性がうまく共有できない問題は，むしろより深刻化する可能性があると感じました．また，まだしばらくはChatGPTが完全に機械翻訳に置き換わることはなく，英語論文執筆においては，ChatGPTと機械翻訳の利点と欠点を理解し，うまく併用する必要性があるという結論に至りました．そこで，ChatGPTと機械翻訳を効果的に活用して英語論文を執筆するための手引きとして1冊にまとめたのが本書です．

本書は，英語で論文を書くことになった学生の方々，英語論文の指導に苦労されている教員の方々，英語論文を書く必要のあるプロの研究者の方々を対象としています．その中でも特に自身の書く，英文に自信がもてない方を想定しています．学生の方には，本書を通して英語論文の基礎から執筆作業まで一通りを押さえたうえで，機械翻訳やChatGPTをうまく活用して英語論文の叩き台を完成させることができるようになることを目指した内容となっています．また，英語論文執筆指導で苦労されている教員の方には，指導されている学生の方に本書で示す手順に従って論文を執筆するように指示していただくことで，研究の本質に関するより建設的な議論に時間をかけられるようになると信じています．もちろん，プロの研究者の方々にも，本書を参考にしていただければ，英語論文執筆作業を大幅に効率化できると確信しています．

2024年8月

西山　聖久

目　次

chapter 1

英語論文執筆と AI 技術活用の課題

この章のポイント

1. AI 技術はどのように様々なタスクを自動化しているのか？
2. 機械翻訳と ChatGPT の進化は日常生活や学術研究にどのような影響を与えるのか？
3. AI 技術により，「言語の壁」はどの程度低減されるのか？
4. 文化的背景や専門知識の違いによる「認識のずれ」はどのように克服するのか？

1.1 AI 技術の基本とカテゴリー

AI 技術に関連して機械学習，ニューラルネットワーク，ディープラーニングといった用語を耳にします．ここでは，機械翻訳やChatGPTを活用するための準備として，これらAI技術について簡潔に整理します．

まずは，AIの定義について考えます．AIはArtificial（人工の）Intelligence（知能）の略です．AIの概念は20世紀の半ばから存在しており，その歴史は意外に古いようです．この言葉にはさまざまな解釈がありますが，コンピュータに入力されたインプットに対して，定められたルールに基づき，判断や予測アクションといったアウトプットを自動で提供するシステムと解釈するとわかりやすいと思います．この入力から出力へのルールは人が直接設定する場合もあれば，機械が自身で学習して設定する場合もあります．このように考えると本書で扱う機械翻訳やChatGPTなどの言語生成はもとより，たとえば自動車や家電製品などもAIに含まれることになります．

AIに関連する用語としてよく耳にする機械学習，ニューラルネットワーク，ディープラーニングといった言葉は，インプットからアウトプットへのルールの決定方法と理解するのがよいと思います．

機械学習はこのルールの決定を，自学自習によって実現します．つまり，機械学習はデータからパターンを学習し，それをもとに新しいデータに対する予測や判断を行います．最近のAI技術に対するわれわれのイメージはこれに近いと思います．

もちろん，機械学習でないAIというものも存在します．つまり，インプッ

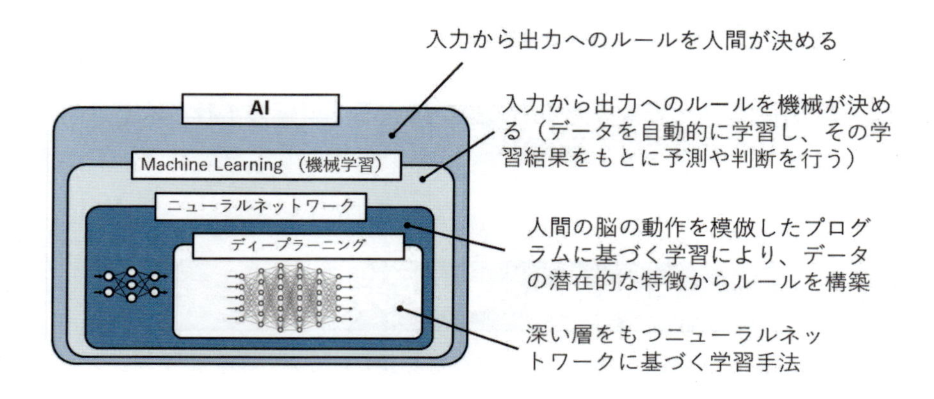

トからアウトプットへのルールを人間が決める AI です．これに関しては，身の回りの家電製品の多くがこれにあたります．

ニューラルネットワークやディープラーニングは機械学習に属します．機械学習の中でもニューラルネットワークは人間の脳の仕組みを模倣したシステムにより複雑なデータを学習しその潜在的な特徴からルールを構築します．ディープラーニングはニューラルネットワークの進化形です．より深い層をもち，画像認識や自然言語処理など，より高度なタスクに適用されます．これらの技術は，英語論文執筆における機械翻訳の精度向上や ChatGPT のような高度な自然言語生成モデルの開発に不可欠です．機械学習にはニューラルネットワーク以外にも統計的アプローチを用いた手法も存在します．

1.2　機械翻訳と ChatGPT

AI 技術の基本概念やカテゴリーについて理解を深めたところで，次はいよいよ機械翻訳と ChatGPT に焦点を当てていきます．これらは自然言語を生成し理解する AI 技術の一環であり，学術研究や英語論文執筆だけでなく日々の生活におけるさまざまな場面においても非常に役立つツールです．

機械翻訳は異なる言語間でのテキストを自動で翻訳するための非常に強力なツールです．翻訳したいテキストを入力することで，翻訳結果を瞬時に得るこ

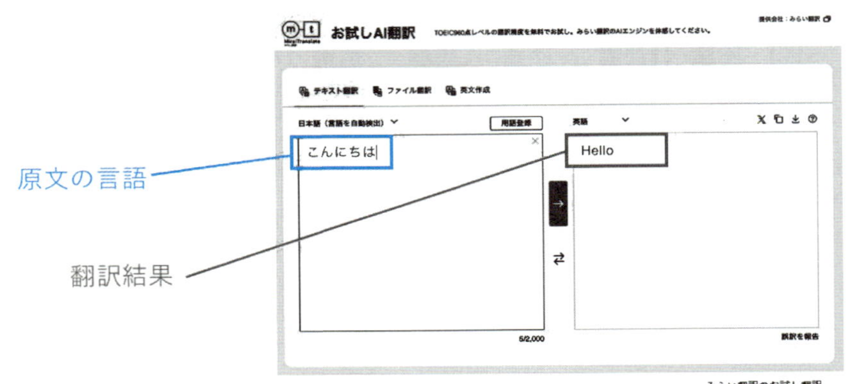

みらい翻訳のお試し翻訳

とができます．Google翻訳，DeepL，Microsoft Translator，みらい翻訳など，さまざまな製品が提供されています．機械翻訳の使い方は非常に簡単です．翻訳したい原文をボックスに入力すれば，翻訳結果を瞬時に画面に表示してくれます．多くの機械翻訳は，現文の言語を自動で認識し，翻訳を行うことができます．機械翻訳の使い方に関してはどの製品も大差はありません．

ここで，機械翻訳の技術が目覚ましい進化を遂げていることを示す調査結果を紹介します．この調査は，機械翻訳の性能の高さを示すために機械翻訳と，TOEICの高得点者（英語が得意なビジネスマン）やプロの翻訳者による翻訳を正確性と流暢性の観点から比較したものです．正確性とは情報がどれだけ正しく伝えられているか，流暢性とは翻訳された英文がどの程度自然であるかどうか，を意味しています．

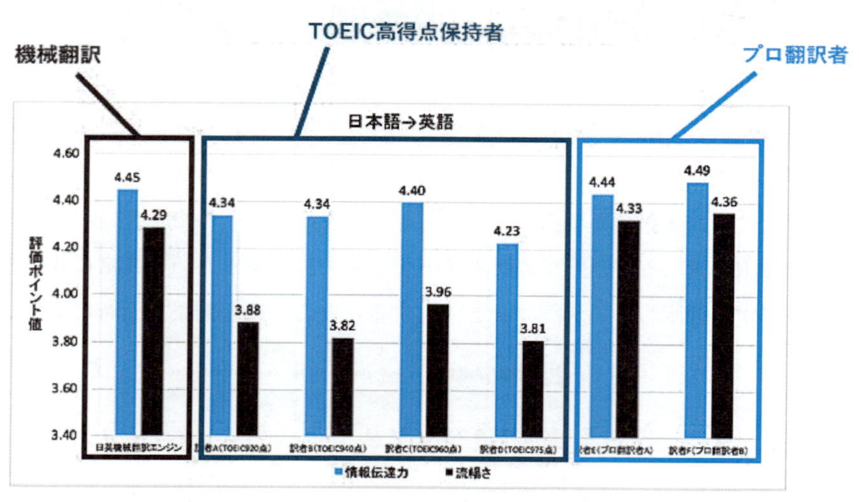

出典：みらい翻訳 https://miraitranslate.com/uploads/2019/04/MiraiTranslate_JaEn_pressrelease_20190417.pdf

これより，機械翻訳はTOEICの高得点者とほぼ同等の正確性を持ち，流暢性においては彼らを上回ることがわかります．プロの翻訳者の翻訳は，正確性と流暢性の両方において，若干機械翻訳を上回っていますが，これに匹敵するレベルに達しているとも理解できます．この結果は，機械翻訳が，すでに大多数の人の英語力を超えていることを示しており，外国語を扱うのであれば，これらのツールを活用するスキルを身につけることは必須の段階に来ているのは間違いないと筆者は考えています．

ChatGPT は OpenAI によって開発された革新的な大規模言語モデルです．2024 年 2 月の時点で 2023 年 4 月までの幅広い情報源から学習しており，さまざまなトピックに関する広範囲な知識をもっています．この ChatGPT は人間のような自然な会話を生成する能力を有しており，質問への回答，文章の要約，翻訳，さらにはプログラミングのコードの作成まで多岐にわたるタスクを実行することができます．ChatGPT のような対話型 AI は，たとえば Google の Gemini などすでにいくつか存在しているようですが，現時点では少なくとも知名度は ChatGPT が頭一つ出ているようなので，本書では ChatGPT に焦点を当てています．ただし，将来 ChatGPT が他の対話型 AI におきかわるようなことになっても，ほぼ同様のことはいえると考えています．

ChatGPT の使い方はとても簡単です．質問やリクエストをチャットボックスに入力すれば，入力された情報に基づいて，会話の流れや文脈を理解し，それに応じた適切な返答を柔軟に提供します．さらに，応答に関して詳細や明確化が必要な場合には，追加の質問やリクエストを通じて，より具体的な情報や結果を得ることもできます．ただし，ChatGPT の出力も常に完璧とは限らないため，提供された情報や作業の結果には，人間による確認と修正が必要です．

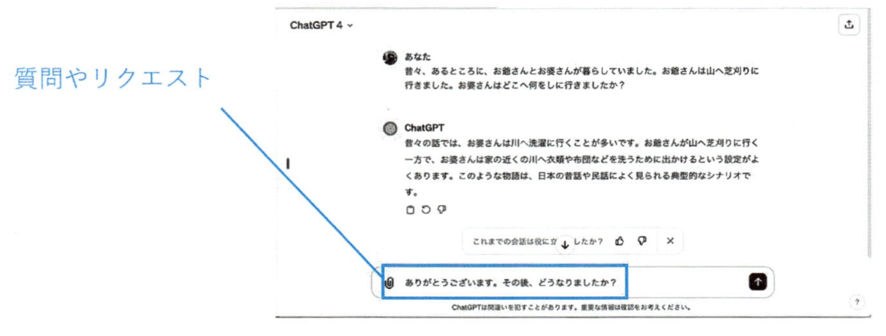

ChatGPT

1.3 ChatGPTの活用場面と実際の対話例

ChatGPTは，多岐にわたるタスクを実行することができると紹介しました．ここでは，いくつか，身近な例で実際の活用を紹介します．

(1) メールの作成

ChatGPTは，多様な文章を生成する力強いツールです．たとえば，ブログ記事，レポート，エッセイなど，さまざまなスタイルの文章を短時間で作成することができます．以下のように，反映させたい情報を箇条書きで提示し，メールの文章を作成させることもできます．

対話例

研究についての打ち合わせのため，山田教授のアポを取るためのメールを作成してください．メールには以下の項目を反映させてください．

・打ち合わせはできれば，5月25日（木）14:00～16:00，5月26日（金）10：00～12：00k，5月29日（月）15：00～17：00のいずれかで実施したい．

・相談したい内容は，「研究テーマの絞り込み」と「今後の研究計画」についてである．

以下に，山田教授へのアポ取りメールのサンプルを作成しました．

件名：研究打ち合わせのお願い（5月25日，26日，29日）

山田教授

お世話になっております．○○学部の○○（ユーザーの名前）です．

研究についてのご相談をさせていただきたく，以下の日程のいずれかで打ち合わせの時間をいただけないでしょうか．

-5 月 25 日（木）14：00 ～ 16：00
-5 月 26 日（金）10：00 ～ 12：00
-5 月 29 日（月）15：00 ～ 17：00

ご相談させていただきたい内容は，以下の通りです．

1. 研究テーマの絞り込み
2. 今後の研究計画

お忙しいところ恐れ入りますが，ご都合の良い日時をお知らせいただけると幸いです．

何卒，よろしくお願い申し上げます．

敬具
〇〇（ユーザーの名前）

このメールを参考に，必要に応じて調整してください．

(2) アイデア出し

新しいアイデアが必要なとき，ChatGPT は創造的な提案を行うことができます．ブレインストーミングや企画の初期段階で役立ちます．試しに，研究テーマのアイデアを出してもらいましょう．

対話例

英語教育に関する研究テーマをいくつか提案してください．

英語教育に関する研究テーマとして，以下のようなものが考えられます．

1. デジタルツールの活用と英語教育の効果 **
 - テーマ：デジタル教材やアプリを用いた英語学習の効果についての研究
 - 内容：デジタルツールの使用が学生の英語学習成果に与える影響を分析し，伝統的な教育方法と比較する.
2. オンライン学習と対面学習の比較 **
 - テーマ：オンラインと対面での英語教育の効果比較
 - 内容：オンライン授業と対面授業の違いが学習成果にどのように影響するかを調査し，どちらがより効果的であるかを検証する.

これらのテーマは，現代の英語教育における重要な課題をカバーしており，それぞれ独自の視点から深掘りすることが可能です．研究の進め方や具体的なアプローチは，興味や専門分野に応じて調整していくとよいでしょう.

(3) 質問への回答

ChatGPT は，幅広い知識を活用して質問に回答することができます．学術的な質問から日常の疑問まで，基本的に求められた内容に関する情報を何でも提供します.

対話例

「経営工学」について説明してください.

経営工学（けいえいこうがく，Management Engineering）は，工学の手法と経営学の理論を統合し，組織や企業の生産性，効率性，品質を向上させるための学問分野です．この分野では，システム，プロセス，テクノロジー，人間の要素を包括的に考慮し，組織の運営と管理を最適化するための方法を研究します.

経営工学の主要な要素
1. 生産管理
　- 生産計画，在庫管理，品質管理，工程管理など，生産活動の効率を最大化するための方法を学びます.
2. プロジェクト管理
　- プロジェクトの計画，実行，監視，完了までの全プロセスを効果的に管理する技術と手法を研究します.

質問には条件をつけることができます．たとえば，ChatGPT による説明が難しい場合，以下のように，難易度を下げて回答してもらうことができます.

対話例

「経営工学」について小学生でもわかるように説明してください.

経営工学（けいえいこうがく）を小学生にもわかるように説明しますね.

経営工学ってなに？
　経営工学は，どうしたらお店や会社がもっと上手に仕事ができるかを考える学問です．たとえば，お店がもっとたくさんの商品を売れるようにしたり，工場で物を作る時間を短くしたりする方法を見つけることです.

具体的に何をするの？
1. 物を作る工夫をする
　- たとえば，レゴを使って早く正確にお城を作る方法を考える感じです.
2. みんなが働きやすくする

いうまでもなく，ChatGPT は人間のように不機嫌になったり，質問者を馬鹿にしたりすることはありません．ユーザー側に興味さえあれば，理解できるまで何度でも対話的に質問を続けることができます.

(4) タスクの整理

ChatGPTは，タスクの整理や計画の立案にも役立ちます．スケジュールの管理やプロジェクトの進行管理をサポートすることで，生産性を向上させます．

対話例

現在，4月中旬です．これから研究テーマを設定して来年の2月初旬に論文を投稿するまでのスケジュールを提案してください．

以下は，4月中旬から来年2月初旬までの論文作成スケジュールの提案です．このスケジュールは研究テーマの設定から論文の提出までをカバーしています．

4月中旬

- 研究テーマ設定：興味のある分野をリサーチし，指導教授と相談して具体的な研究テーマを決定する．
- 文献レビュー開始：関連する文献を集め，研究の背景や先行研究を理解する．

5月

- 文献レビュー継続：詳細な文献レビューを行い，研究のギャップや問題点を明確にする．
- 研究計画書作成：研究の目的，方法，期待される成果を含む研究計画書を作成し，指導教授に提出する．

このスケジュールはあくまで目安ですが，研究の進捗状況に応じて柔軟に対応してください．また，定期的に指導教授と進捗確認を行い，適切なアドバイスを受けることをおすすめします．

このように，ChatGPTがさまざまな場面で実用的に役立つツールであることが理解いただけたと思います．ChatGPTの設定方法や，その他の活用事例などの詳細については，本書では割愛し，すでに出版されている多数の書籍に譲ろうと思います．

1.4 機械翻訳とChatGPTの活用で「言葉の壁」を超える

今日のグローバル化した社会では，さまざまな職業で国際的な舞台での活躍が求められており，そのためには英語によるコミュニケーション能力が不可欠とされています．研究者が，成果を英語論文にまとめて発表することが求められることはその一つの例といえるでしょう．しかし，ご存じの通り，英語論文の執筆は多くの学生や研究者にとってたいへんな苦労を伴います．もちろん，その主な原因は，われわれが母国語以外の言語でコミュニケーションを行う際に直面する「言葉の壁」です．

特に英語論文に関しては，この「言葉の壁」によるハードルが高く，多くの研究者はその執筆の過程において困難に直面し，研究成果を世界に向けて発信する機会さえ失っていたかもしれません．日常の生活や仕事で英語を使用するのと異なり，学術的な論文を書く際には，より高度な思考と緻密な表現が求められます．このような場面では，非母語である言語の使用は思考プロセスに負荷をかけ,知的なパフォーマンスを抑制してしまうのは避けられないでしょう．

このように，長年われわれを苦しめてきた「言葉の壁」ですが，機械翻訳とChatGPTの登場により，これらを乗り越えることは以前に比べて格段に容易になりました．そもそも機械翻訳は異なる言語間でのコミュニケーションを可能にするための技術であり，その目的は言語の壁を克服することにあります．これに関してはすでに多くの方がその利便性を実感していることでしょう．さらに，ChatGPTを機械翻訳と組み合わせて活用することで，より自然で理解しやすい英文を生成することも可能となります．

これらのツールを上手に使うことで，英語が苦手な人であっても英語論文執筆はずっと手の届きやすいものとなり，学生や研究者が自身の研究を国際的な学術コミュニティと共有することが可能となるはずです．このように，機械翻訳やChatGPTの登場は，日本人が言語の壁を越え英語で学術的な論文を書く際の大きな助けとなるため，多くの研究者や学生にとって朗報であることは間違いありません．

1.5 「認識のずれ」とその克服の必要性

しかし，ここで注意しなければならないのは，コミュニケーションにおける困難は「言葉の壁」だけではないということです．問題解決のアプローチの違い，問題意識の違い，コミュニケーションスタイルの違い，思考プロセスの違い，専門用語に対する理解の度合いといったことからも生じます．これらは，教育的背景，専門分野，世代，自信の有無などに起因します．

本書では，これらを「認識のずれ」と呼ぶことにします．この「認識のずれ」は，言語を問わず，お互いの理解を妨げ，コミュニケーションの深刻な障害となります．英語論文に限らず，たとえば友人や家族との会話，職場でのやりとりなど，われわれは母国語による日常生活でも，この「認識のずれ」に直面しているはずです．皆さんも思い当たるのではないでしょうか．

筆者は，この「認識のずれ」は，仮に機械翻訳やChatGPTを用いて「言語の壁」が克服された場合に，より深刻な問題として表面化すると考えています．これまでもこの「認識のずれ」は，たとえば学生と指導教員の間での研究内容に対する理解の相違などとして現れ，論文執筆や研究遂行のプロセスにおいてさまざまなトラブルを引き起こしてきたと考えられます．「認識のずれ」が母国語のコミュニケーションにおいても発生するのであれば，母国語ではない英語での論文執筆の過程で「認識のずれ」が生じないと考えるのは不自然です．

「認識のずれ」は単に言語の違いから生じる問題ではありません．これは先ほど説明した通り，個人の背景にかかわるより深いレベルの相違から生じるものです．なので，たとえ機械翻訳やChatGPTの力を借り，正確な翻訳が得られたとしても，内容に含まれる「認識のずれ」が解消されなければコミュニケー

ションは成功しません．また，ChatGPT や機械翻訳を使えば，「言語の壁」を越えて大量の情報の生成されることが，かえって混乱を引き起こすことさえ考えられます．

筆者は ChatGPT や機械翻訳が登場した今，英語論文執筆に限らず，英語によるコミュニケーションにおいては，「言語の壁」よりむしろこの「認識のずれ」に目を向けるべきだと考えています．機械翻訳や ChatGTP の恩恵を受けるためには，まずわれわれ自身が「認識のずれ」に対してより敏感になり，これに対処する必要があると思います．この認識の拡大が，英語論文執筆におけるコミュニケーションの質の向上につながると考えています．

まとめ

1. AI 技術には機械学習，ニューラルネットワーク，ディープラーニングなどが含まれ，これらはデータから学習し，予測や判断を行う
2. 機械翻訳と ChatGPT は自然言語処理の分野で顕著な進歩を遂げており，日常生活や学術研究における多くの課題を解決する手段となっている

3 AI 技術の進歩により，外国語でコミュニケーションを行う際の「言語の壁」による困難が劇的に低減される

4 AI 技術により「言語の壁」が取り除かれると，その分，さまざまな背景の違いによる「認識のずれ」によるトラブルが表面化する可能性がある

chapter 2

論文の核心情報：研究概要のテンプレートの提案

この章のポイント

1. 論文の役割とは何か？
2. 研究を通じて得られた新たな知識を読者に伝達するために明示すべき情報は何か？
3. 論文により伝達される知識の有用性を評価するために明示すべき情報は何か？
4. 研究概要はどのように書くべきか？

2.1 論文を読む目的

研究は，基本的には研究者と呼ばれる人たちが学術的探求を目的として行うものです．学術的探求とは，科学技術，哲学などの分野で，対象の理論的な解明をすることです．研究では，特定のテーマを選び，既存の知識をもとに仮説を立て，実験やデータ分析を通じて探求を進めます．その成果は，新しい知見やアイデアとして論文にまとめられ，学術コミュニティに発表されます．このプロセスを通じて人類の知識が広がり深まると考えると，研究とは新たな知識の生成であり，論文はその知識を広く人類で共有するためのツールと考えることができるでしょう．

研究によって学問分野における知識が成果として蓄積され，研究者は論文を通じて過去の研究成果へアクセスします．よって論文の主な読者は他の研究者であり，論文は研究者間のコミュニケーションツールとして重要な役割を果たします．論文を読むことで，研究者は新しい理論や研究方法を発見・学習し自身の研究に活かすことができます．また，論文には実験方法や分析結果が詳細に記述されており，これにより他の研究者がその研究を再現し，検証することも可能になります．異なる分野の研究者が互いの論文を読むことで，新しい視点やアプローチが生み出され，異分野間の協力が促進されることもあるでしょう．さらに，論文の質は研究者の評価の基準となり，研究者のキャリア開発においても重要な役割を果たします．論文は，研究者同士が互いに触発し合い新たな知識の生成を促進する上でも重要なツールであり，学術コミュニティ全体の発展に貢献しています．

また，論文はその内容が広く公開されているため，研究者以外の，多くの人々にとっても，価値のある情報源となっています．これらの読者が論文に目を通す目的は，新しい知識の獲得から，社会的な意思決定や個人的な興味の追求に至るまで，非常に多岐にわたります．

たとえば，医学や工学などの分野で発表される新しい発見や技術は，その業界の専門家や技術者による新製品開発などに活用されます．また学生や教育者は，特定の主題に関する最先端の知識を得るために論文を利用します．政府機関では，科学的根拠に基づいた政策の策定や意思決定を行う際に論文が重要な参考資料となります．企業もまた，新しい事業機会を探ったり，イノベーションを促進したりするために，論文で提供される最新の研究や技術動向を参照します．ジャーナリストやメディア関係者は，科学的な話題についての正確な情報を一般の人々に提供するために論文を重要な情報源として利用することもあります．一般の人々が論文に興味をもつこともあるでしょう．個人的な興味や専門外の知識を得るために論文を読むことで，科学的な知識への理解が深まり，社会全体の科学リテラシーの向上にも寄与します．

2.2 論文の役割：知識伝達と情報の有用性評価

研究者であれ，一般の人であれ，論文を読むときには，何らかの問題を解決するという目的があると思います．論文は分野を超えて，技術や解決策などに関する知識を提供し，新しいアイデアの発想を促すという重要な役割を担っています．つまり，問題解決のプロセスにおいて，論文は情報を共有するための重要なツールとして位置づけられます．暇潰しのために，特に目的なく論文を読む人もいるかもしれないという意見もあるかもしれませんが，この場合も暇であるという問題に対し，たとえば知的好奇心を満たすことでその問題を解決していると見なすこともできます．

論文を参照する目的が問題の解決であるならば，論文の役割には「新たな知識を伝達する」ことともに，「論文により伝達される知識が読者の問題解決に役立つかどうかの判断を容易にする」ことがあると考えられます．以下，それぞれについて説明します．

(1) 新たな知識を伝達する

論文の主な役割として，まずは研究の成果である新たな知識を読者に伝達することが挙げられます．論文は単に学術界内での知識の共有にとどまらず，より広い意味で社会全体へ新たな知識を伝達するという重要な役割を担っています．論文は基本的に誰もがアクセス可能な公開情報であり，企業の機密情報とは異なり広く共有されることが前提となっています．研究者間での学術的対話を促進し，新しい研究やイノベーションを触発することはもちろん，専門知識の習得，政策の策定や，ビジネスにおける意思決定など多岐にわたる分野で重要な情報源として広く利用されていることはすでに説明しました．これは広く認識されている事実でしょう．

(2) 論文により伝達される知識の有用性評価を容易にする

論文の主な役割は，すでに説明した通り，研究成果である新たな知識の伝達ですが，論文によって伝達される知識が実際に役立つものであるか，そしてそれを読者がいかにして判断するかという点は重要であるにもかかわらず，見過ごされがちな側面だと思います．読者は自らの目的や問題解決のために，論文からさまざまな知識を得ようとしますが，知識の有用性は読者の立場やニーズによって大きく異なります．論文から目的達成に役立つ知識が得られたのであれば，その情報収集の活動は成功といえるでしょう．しかし，得られた知識が読者にとって無関係であったり，役に立たないものであったりした場合は，費やされた時間は無駄になってしまいます．

AI 技術の発展により，論文の投稿や査読のスピードが上がっています．これは，今後において，世の中に出回る論文の数も爆発的に増加することを意味します．読者はこの膨大な情報の海から，自分にとって必要な知識を，限られた時間の中で迅速に見つけ出さなければなりません．このような背景を踏まえると，論文が読者にとって役立つ情報を提供しているかどうかを判断しやすくすることは，論文の重要な役割の一つだと考えられます．論文を通じて自身の研究成果を伝えることとともに，その知識の有用性を読者が評価しやすいように配慮することは，今後，研究者にとって一層意識されるべき課題といえるでしょう．

2.3 論文が役割を果たすため必要な情報

(1) 論文の核心となる新たな知識

研究者をはじめとした論文の読者が論文に求める情報の中心は，もちろん研究を通じて生成された新たな知識です．この新たな知識を説明するために，どのような話題に対して，どのような調査を実施したのか，つまり研究を通じて行った調査の内容（調査内容），その調査はどのような方法で行ったのか（調査方法），そしてその調査を通じてどのようなデータが得られ，そこからどのような結果が導き出されたのか（結果）．得られた結果をどのように分析し解釈するのか（考察）を明記する必要があります．これらすべての情報を提供することで，研究を通じて得られた新たな知識が，その妥当性とともに論文の読者に伝わります．よって，これらの「調査内容」，「調査方法」，「結果」，「考察」は，論文を読むすべての人が期待する，論文の核心を構成する要素と考えることができます．

続いて，執筆者の研究に関する問題意識を共有するために必要となる情報について考えます．執筆者の問題意識は，ここで紹介した論文の核心となる情報が，読者にとって有意義であるかを判断しやすくするうえで重要になります．

(2) 学術的探究の視点からの問題意識

読者は，自身が抱える問題を解決する手がかりを論文から得ようとしており，その内容が自分の研究や問題解決に役立つものであるかどうかをできるだけ早く判断できることを望んでいるはずです．このためには，論文で発表されている研究の背景にある問題を明確にすることがカギとなります．読者と執筆者の間に問題意識の相違があったとしても，その論文の研究の背景となっている問題を正しく理解することができれば，読者は論文の核心情報である新たな知識が，自分にとって役立つかどうか評価することができる可能性は高まるはずです．

まずは，研究者による学術的探究の視点から，研究に関する問題意識について考えてみます．一般に，研究者たちは，学術的探究を目的として，選んだテーマの理論的な解明を目指し，日々研究しています．そのような活動を行う研究者が共通して意識しているのは，たとえば特定の科学技術や哲学といった，所属する学術コミュニティ内でまだ理論的に解明されていない事象が存在することです．このような，学術分野において未解決な問題を，本書を通じて「学術的問題」と呼ぶことにします．

論文において「学術的問題」を明示することは，学術コミュニティにおける研究の進展にとって不可欠です．研究者はこの「学術的問題」を解決するために研究に取り組み，その過程で得られる情報を，論文を通じて共有します．特に同じ学術コミュニティに所属する他の研究者は，この「学術的問題」が明示されていることによって，論文から自身の研究に役立つ情報を効率的に得ることができるでしょう．読者の興味の対象が，論文に関連する学術コミュニティの外にある場合でも，この「学術的問題」を拠り所に，その内容が自身の研究に役立つかどうかを判断することが可能です．

(3) 社会的課題の解決の視点からの問題意識

論文の読者が，たとえば環境破壊，貧困，気候変動などといった人類が直面する社会的課題に関連する問題を解決するための情報を探している場合，研究により生成された新しい知識だけではなく，その知識がどのような社会的課題にどのように応用される可能性があるかにも関心があるはずです．本書では，このような研究の背景にある社会的課題に関連した問題を「背景問題」と呼ぶことにします．

これらの情報も，学術的問題に並んで論文に含まれる新たな知識が自身にとって役立つかどうかを判断するために重要な視点です．これに関してはおそらく研究者以外の読者にとっても重要な興味の対象であることでしょう．

(4) 論文全体の情報構成

ここまでで，論文が役割を果たすために必要となる情報について説明しました．まず「調査内容」，「調査方法」，「結果」，「考察」は，論文の核心であり，読者に新たな知識を伝達する役割を担います．一方，これらの情報が読者にとってどの程度有用であるかの判断を容易にするためには，研究の背景にある問題意識の共有が重要であり，学術的探究の視点からは「学術的問題」，社会的課題の解決の視点からは「背景問題」とその「解決策」を提示する必要があることを説明しました．つまり，「背景問題」と「学術的問題」は，論文により伝達される知識が読者にとって役立つかどうかの判断を容易にするために必要な情報です．

論文の読者は，自身の所属する学術コミュニティ外の研究者から，研究者以外の人々まで多岐にわたります．これらの読者が，研究の成果として得られた新たな知識を直接自身の研究や興味の対象と関連づけることは容易ではありません．研究に没頭している研究者にとっては,「調査内容」,「調査方法」,「結果」,「考察」といった研究成果である新たな知識に関連する情報を詳しく論文に盛り込みたくなると思います.しかし読者の視点に立った場合は,「背景問題」,「解決策」,「学術的問題」といった執筆者の問題意識に関する情報もバランスよく盛り込むことで，必要な知識へのアクセスを可能な限り容易にする配慮も必要だと考えられます．

2.4 論文を構成する情報項目の明確化

論文を構成する要素には,「背景問題」,「解決策」,「学術的問題」,「調査内容」,「調査方法」,「結果」,「考察」があること説明しました. ここでは, これらの各要素をより明確に設定するためのテンプレートを提案します.「結果」と「考察」は研究者の感性に委ねられる部分が大きい一方,「背景問題」,「解決策」から「学術的問題」,「調査内容」,「調査方法」への流れについては, 論理的に指針を与えることが可能です.

(1)「背景問題」と「解決策」

まずは, 以下の「背景問題」を設定するためのテンプレートを提案したいと思います.

背景問題：[1] のためには, [2] が必要である. しかし, この際, [3] が問題となる.

このテンプレートはTRIZ（発明的問題解決手法）と呼ばれる問題解決の方法論の中の問題の定義を根拠に作成しています. TRIZでは, 問題を利害関係の対立の状態と定義しています. つまり, ある目的（パラメータAの改善）のために行動すると, 何かしらの弊害（パラメータBの悪化）を引き起こす一方, 行動しなければ, 弊害（パラメータBの悪化）は起きない代わりに目的（パラメータAの改善）は達成されないという状態です. ここでの弊害とは, その行動を実行する上での妨げとも捉えることができます.

ここで重要なのは，問題を設定するには，「行動の目的（改善するパラメータ）」，「行動の内容」，「行動に伴う弊害（悪化するパラメータ）」の三項目を明確にする必要があるということです．これらを明示しない限り，問題が定義されているとはいえないため，問題を他人と共有することはできず，人によって問題に関する認識の相違が発生することになります．

このテンプレートにおいて，［1］［2］［3］はそれぞれ「行動の目的（改善するパラメータ）」，「行動の内容」，「行動に伴う弊害（悪化するパラメータ）」に対応しており，それぞれの内容を記入することにより，研究の背景にある社会的課題に関連した問題を明確に設定し，著者と読者間の認識のズレを最小限に抑えることができます．これらの要素のいずれかでも欠けている場合には，読者は論文が提供する新たな知識がどのような問題を解決しようとしているのかを文脈から推測しなければならなくなるため注意が必要です．いまいち研究の目的が理解できない論文は，これらの空欄に該当する語句が分かりにくい書き方になっているはずです．

コラム　問題の定義の実例

問題を明確に定義するためには「行動の目的（改善するパラメータ）」，「行動の内容」，「行動に伴う弊害（悪化するパラメータ）」の三つの項目を設定する必要がある説明しました．ここでは，地球温暖化の問題を例として，このアプローチについて具体的に紹介します．

あるグループで地球温暖化防止策について議論が行われたとします．メンバーのAさんは，再生可能エネルギーの技術研究と開発を進め，温室効果ガスの排出を削減することを提案しました．一方，Bさんは極端な例を挙げ，「原始人のような生活に戻れば，地球温暖化の問題はすぐに解決する」と主張しました．この二つの意見は表面上どちらも間違っていないように見えますが，議論は平行線を辿るはずです．

その主な原因は，問題の定義が不十分であることです．グループでは地球温暖化の問題についての議論がなされています．これに関して，先の三つの項目に照らし合わせて考えると，「行動に伴う弊害（悪化するパラメータ）」は地球環境の悪化（パラメータ：環境汚染の度合い）になります．しかし,「行動の目的（改善するパラメータ）」,「行動の内容」は明確にされていません．

そこで,「行動の目的（改善するパラメータ）」,「行動の内容」を,「生活を便利にする（パラメータ：生活の便利さ）」,「さまざまな工業製品を普及させエネルギーを消費する」と設定したとします．

つまり議論の対象は，生活を便利にするためにさまざまな工業製品を普及させた結果，地球の環境が悪化したという問題の解決策ということになります．

この場合においては，原始的な生活への回帰は，現代社会の多くの利便性を犠牲にすることになるため，そもそもの「行動の目的」が無視されてしまっていることになります．よって，再生可能エネルギー技術の推進が，現実的かつ実行可能な解決策として優れていると評価することが可能となるのではないでしょうか？ このように，上述の３項目を明示することで問題における利害関係の対立状況が明確に定義されます．これにより問題に対する共通の認識を基盤に，議論をより建設的に進めていくことができます．これは，論文の読者と執筆者の関係においても同様です．

(2)「背景問題」の「解決策」と「学術的問題」

「学術的問題」も,「背景問題」と同様,「行動の目的（改善するパラメータ）」,「行動の内容」,「行動に伴う弊害（悪化するパラメータ）」を設定することにより定義されます．これらそれぞれの項目に関して詳しく説明していきます．

「学術的問題」は，研究者により構成される学術的コミュニティにおける問題なので,「行動の内容」と「行動に伴う弊害（悪化するパラメータ）」に関しては共通しています．「学術的問題」を設定するうえでの「行動の内容」は，当然，研究を行うことです．そして,「行動に伴う弊害（悪化するパラメータ）」は，研究を行うことにより発生する弊害ということになります．これは，知識の探究を進めていく際の妨げ，つまり明らかになっていないことが存在することになります．もしくは，従来の研究から得られた知識のみでは誤解を招いてしまう恐れがある，という考え方もできるかもしれません．

残りの「行動の目的(改善するパラメータ)」について考えます．学術的コミュニティとは，もともとは何かしらの社会的課題があり，それに関連した問題を解決したい研究者が，情報交換のために集まることにより形成されたと考えられます．よって，「学術的問題」研究者が研究を行う目的は「背景問題」の解決策の実現に貢献することと考えられます．

以上を踏まえ，「学術的問題」を設定するために，以下のテンプレートを提案したいと思います．

学術的問題：その解決策として［4］が考えられる．これに関連し，近年，［5］に着目した研究が行われている．しかし，［6］に関する知見は得られていない．

［4］には，すでに設定した背景問題の解決策の方向性を記述します．当然その方向性は,学術コミュニティが目指している内容にする必要があります．［5］には［4］に関連した,学術的コミュニティの中で着目されている研究の分野を,［6］にはその中でも十分な知見が得られていない話題をそれぞれ記入します．もちろん，［4］，［5］，［6］は論文で発表する研究に関連した内容である必要があります．

(3)「調査内容」

研究活動における調査は「学術的問題」の解決策に位置づけられます．そこで，研究活動における調査の内容を具体的に設定するためのテンプレートを提案します．テンプレートの空欄を設定することにより，研究で実施した調査の内容が明確になります．

調査内容：本研究では，［7］と［8］の関係に着目し，［9］の［10］による［11］の［12］への影響を調査した

研究者が研究活動において実施している調査の内容というのは，学術的問題

の中で言及した，「いまだに十分に知見が得られてない［6］という話題」を構成する要素が相互にどのように影響を及ぼし合っているかを具体的に明らかにしていく活動であると考えられます．その動機は，新たなアイデアの妥当性の検証であったり，何かしらの弊害が発生するメカニズムの解明であったりするでしょう．

［6］という話題を構成する要素の中には，無数の動作主となっている要素とその動作の対象となっている要素があるはずです．研究者はその中でも，お互いにどのような影響を及ぼしているかは不明であり，その関係を明らかにすることが［6］に関する理解を深めるカギとなり，さらには所属する学術分野への貢献となる特定の動作主と動作の対象の組み合わせに着目します．この際，動作主として着目した要素がテンプレートにおける［7］であり，［8］は［7］による動作の対象ということになります．

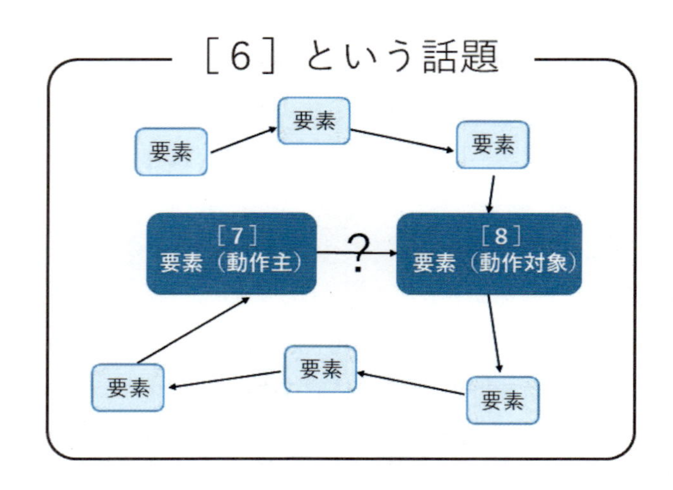

研究者は動作主と動作対象の構成要素や属性について詳しい知識をもっています．そこで，その専門知識に基づき，これらの動作主と動作対象のさらに詳細な構成要素やその属性の中でも，［7］と［8］の関係を解明するために重要と思われるものに着目し，それらを観察します．つまり，テンプレートにおける［9］は入手可能な［7］の実物（サンプルや具体例），［10］はその属性，

同じく［11］は［8］の入手可能な実物（サンプルや具体例），［12］はその属性ということになります．

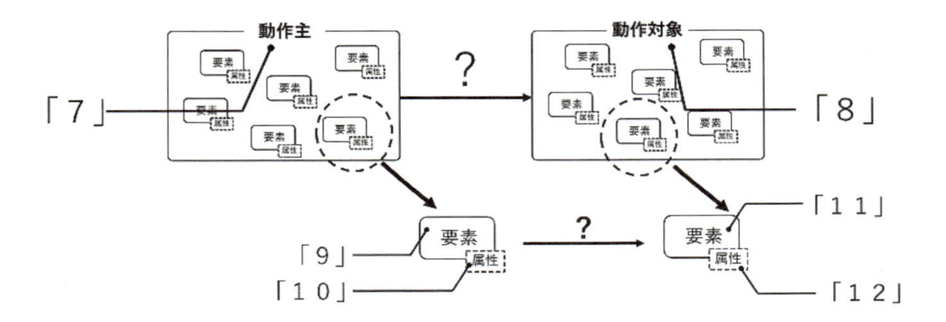

(4)「調査方法」

論文では，実施した調査を通じて得られた新たな知識を読者に提供しますが，その信頼性を確保するには，客観的に再現性のある調査の方法を具体的に記述する必要があります．そこで，調査方法に関する記述のために，以下のテンプレートを提案します．

> **調査方法：**［9］の準備は［13］により行い，［10］の調整は，［14］により行った．そして，［11］の準備は［15］により行い，［12］の測定は［16］により行った

研究における調査は，動作主と動作の対象の関係に着目し，それらの構成要素や属性が具体的にどのような影響を及ぼしているかを明らかにしようとしていることを説明しました．着目した動作主と動作対象の関係を詳しく説明するための信頼性のある結果を得るためには，まずは準備として，着目した動作主である［7］と動作対象である［8］の双方の入手可能な実物を準備する必要があります．そこで，［7］の実物である［9］を準備した方法として［13］を，

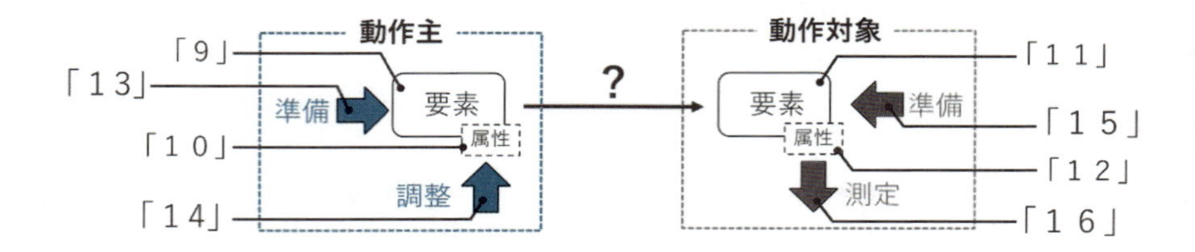

[8] の実物である [11] を準備した方法として [15] を明記します．さらに，[9] による [11] への影響を観察するためには，[9] の属性を調整し，それにより発生する [11] の変化を測定しなければなりません．そこで，[9] の属性を調整した方法として [14] を，[10] の属性の変化を測定した方法として [16] を明記します．

これらの空欄に関する情報を抜け漏れなく説明することは，論文において調査の結果として得られたデータが純粋に動作主側と動作対象側の影響を観察できているという説得力をもたせるためにもたいへん重要です．

2.5 研究概要のテンプレートの提案

第3章でも説明しますが，論文における研究概要は論文の最初に掲載される重要な箇所です．論文の読者は，まずは研究概要に目を通し，論文に記載されている新たな知識の有用性を評価し，その論文を読み進めるかどうかを決定します．そこで，論文がその役割を果たすために必要な情報項目，「背景問題」「学術的問題」「調査内容」「調査方法」の各テンプレートに結果である [17] と考察である [18] を加え，以下を分野を問わず活用できる研究概要のためのテンプレートとして提案したいと思います．

テンプレート：[1] のためには，[2] が必要である．しかし，この際，[3] が問題となる．その解決策として [4] が考えられる．これに関連し，近年，[5] に着目した研究が行われている．しかし，[6] に関する知見は得られていない．本研究では，［7］と［8］の関係に着目し，［9］の［10」による［11］の［12］への影響を調査した．［9］の準備は［13］により行い，［10］の調整は，［14］により行った．そして，［11］の準備は［15］により行い，［12」の測定は［16」により行った．これより［17］という結果が得られた．これについての考察は［18］となった．

これにより，研究概要の段階で，論文を通じて伝達される新たな知識とその背景となる問題について抜け漏れなく明瞭に説明することが可能となります．これら，特にテンプレートの空欄に該当する情報は，論文を執筆するための基盤となるため，これらを設定することなく論文を執筆することはできないはずです．以降，本書において紹介する論文執筆の手順では，執筆を開始する段階でこのテンプレートを活用して論文の骨子を設定することを前提とします．

(1) テンプレートによる研究概要の実例

上述した研究概要のテンプレートは分野を問わず活用が可能です．本書は，読者としてさまざまな分野の学生・研究者の方を想定しています．以下に，テンプレートを活用したいくつかの分野の研究概要の例を示します．是非とも，これらの例を参照し，自身が取り組む研究に関して空欄に該当する語句を考えてみましょう．

工学：「1：機械製品の十分な耐久性の確保」には，「2：金属製部品の使用」が必要である．しかし，この際，「3：製品の軽量化」が問題となる．その解決策として，「4:耐熱性超硬質樹脂」が考えられる．これに関し，近年，「5：耐熱性超硬質樹脂の機械的性質」に着目した研究が行われている．しかし，「6：過酷な使用環境における耐熱性超硬質樹脂の劣化」に関する知見は得られていない．そこで本研究では，「7:潤滑油の化学的性質」と「8:樹脂の化学的安定性」の関係に着目し，「9：潤滑油中の添加剤」の「10：濃度」による「11：耐熱性超硬質樹脂」の「12：機械的強度」への影響を調査する.「9：潤滑油中の添加剤」の準備は「13：市販の潤滑油サンプルの取得」により行い,「10：濃度」の調整は,「14：正確な計量と混合」により行う. そして,「11：耐熱性超硬質樹脂」の準備は「15：市販の耐熱樹脂のサンプル取得」により行い,「12：機械的強度」の測定は「16：強度試験機を使用したテスト」により行う. これより［17：潤滑油中の添加剤の濃度が耐熱性超硬質樹脂の機械的強度に顕著な影響を及ぼす］という結果が得られた. これについての考察は［18：潤滑油中の添加剤の適切な濃度範囲を特定することで, 耐熱性超硬質樹脂の劣化を抑え, 機械製品の耐久性を向上させる可能性が示された］となった.

医学：「1：生活習慣病Xの予防」には,「2：測定可能な生物学的要因と発症の関係の解明」が必要である. しかし, この際,「3：環境要因と発症の関係の解明が不十分であること」が問題となる. その解決策として,「4：大きく異なる生活習慣をもつ集団における生活習慣病Xの発症に着目した調査」が考えられる. これに関し, 近年,「5：生活習慣病Xの発症」に着目した研究が行われている. しかし,「6：新興国における生活習慣病Xの発症」に関する知見は得られていない. そこで本研究では,「7：新興国であるY国国民の生活習慣」と「8：生活習慣病X」の関係に着目し,「9：被験者」の「10：生活習慣」による「11：生活習慣病X」の「12：発症率」への影響を調査する.「9：被験者」の準備は「13：ランダムサンプリング」により行い,「10：生活習慣病X」の調整は「14：詳細な生活習慣調査」により行う. そして,「11：生活習慣病X」の準備は「15：定期健康診断」により行い,「12：発症率」の測定は「16：被験者の通院状況の観察」により行う. これより［17：Y国国民の生活習慣が生活習慣病Xの発症率に大きな影響を与える］という結果が得られた. これについての考察は［18：生活習慣の改善が生活習慣病Xの発症予防に有効である可能性が示された］となった.

文学：「1：平安時代の文学」には，「2：新たな解釈の試み」が必要である．しかし，この際，「3：古典的な解釈の限界」が問題となる．その解決策として，「4：異なる時代や文化の作品との比較」が考えられる．これに関し，近年，「5：唐代文学の平安時代の日本文学への受容」に着目した研究が行われている．しかし，「6：唐代の小説が王朝文学に与えた影響」に関する知見は得られていない．そこで本研究では，「7：唐代伝奇」と「8：源氏物語」の関係に着目し，「9：唐代伝奇」の「10：夢に関する記述」による「11：源氏物語」の「12：夢に関する記述」への影響を調査する．「9：唐代伝奇」の準備は「13：古文書の精読と分析」により行い，「10：夢に関する記述」の調整は「14：源氏物語の古注釈書の参照」により行う．そして，「10：源氏物語」の準備は「15：詳細な文脈分析」により行い，「12：夢に関する記述」の測定は「16：唐代伝奇と源氏物語の共通点と相違点の比較」により行う．これより［17：唐代伝奇の夢に関する記述が源氏物語の夢に関する記述に顕著な影響を与えた］という結果が得られた．これについての考察は［18：唐代伝奇の夢に関する描写が源氏物語の夢描写における象徴性や物語の展開に影響を与えた可能性が示唆された］となった．

国際関係：「1：国家の発展」には，「2：優秀な人材の育成」が必要である．しかし，この際，「3：政府支援を受けた人材の国外への流出」が問題となる．その解決策として，「4：優秀な人材の国外流出防止策の実施」が考えられる．これに関し，近年，「5：世界各国における人材流出」に着目した研究が行われている．しかし，「6：発展途上国における人材流出」に関する知見は得られていない．そこで本研究では，「7：留学後の職業選択」と「8：留学経験者の社会への貢献」の関係に着目し，「9：先進国への留学」の「10：留学先での体験」による「11：留学経験者」の「12：母国への貢献に対する考え方」への影響を調査する．「9：先進国への留学」の準備は「13：A 国政府により提供された留学プログラム」により行い，「10：留学先での体験」の調整は,「14:留学プログラムにおける生活の詳細分析」により行う．そして，「11：留学経験者」の準備は「15：A 国政府による留学プログラムへの参加者の協力」により行い，「10：留学生の母国への貢献に対する考え方」の測定は「16：インタビュー」により行った．これより［17：留学先でのポジティブな体験が，留学経験者の母国への貢献に対する意識を高める］という結果が得られた．これについての考察は［18：留学プログラムの質を向上させることで，優秀な人材の母国への帰還と貢献を促進できる可能性がある］となった．

まとめ

1. 論文を執筆する際には，新たな知識の伝達を行うとともに，論文により伝達される知識の有用性評価を容易にする配慮が必要である
2. 論文に含まれる情報の項目は「背景問題」,「学術的問題」,「調査内容」,「調査方法」,「結果」,「考察」である
3. 「調査内容」,「調査方法」,「結果」,「考察」は新たな知識の伝達の役割を担う
4. 「背景問題」,「学術的問題」を明確にすることで，論文により伝達される知識の有用性評価が容易になる
5. 研究概要のテンプレートを使って論文の中核となる内容を考えることができる

chapter 3

英語論文執筆マスターガイド：IMRAD 形式とパラグラフ

この章のポイント

1. 典型的な論文の構成である IMRAD 形式の効果とは？
2. 適切なパラグラフ構成を徹底することの重要性とは？
3. どのように論文を読めば必要な情報を効率よく抽出することができるか？
4. 評価される英語論文を執筆するためにはどのようなことに注意すべきなのか？

3.1 IMRAD 形式と英語論文の基本ルール

ここでは，英語論文を中心とした論文執筆に関する基本ルールの概要について説明します．論文執筆は決して気まぐれに行う作業ではなく，従うべき明確なルールが存在します．特に IMRAD 形式という論文の標準的な構成やパラグラフを意識することは，多くの分野の論文で共通する要求事項です．これらのルールを意識することで，論文を読む際には効率的に情報を処理することが可能になります．一方で論文を書く際にも，これらの構成を適切に適用することは読みやすい論文を作成するためにも必要不可欠です．ただし，細かなルールは，投稿先の学術雑誌や分野によって異なるため，論文を執筆する前には，必ず投稿文の学術雑誌の投稿規定は確認するようにしましょう．

もちろん，これら論文のルールを理解することは，機械翻訳や ChatGPT の使用／不使用にかかわらず非常に重要です．日本の教育機関では，これらのルールについて詳しく学ぶ機会が少ないため，日本人研究者の論文が読みにくいという悪評もあるようです．これまであまり意識してこなかった方も，この機会にしっかりと理解し，論文からの情報収集や論文執筆の質を高めるための一歩を踏み出しましょう．

まずは，論文の標準的な構成である IMRAD 形式について説明します．IMRAD とは序論（Introduction），方法（Method），結果（Results），考察（Discussion）の各セクションの英語表記の頭文字と，結果（Results）と考察（Discussion）の間にある “and” の a を取ったものです．これらの各項目の詳細については後ほど説明します．本書では，これらの項目の表記は，以降，日本語のみで統一します．

序論：Introduction
方法：Methods
結果：Results
考察：Discussion

Introduction, **M**ethods, **R**esults **A**nd **D**iscussion

この形式に従うことで研究のプロセスが明確に伝達され，論文を通じた研究成果の円滑な共有が促進されます．IMRAD 形式に従うことで論文の構造があ

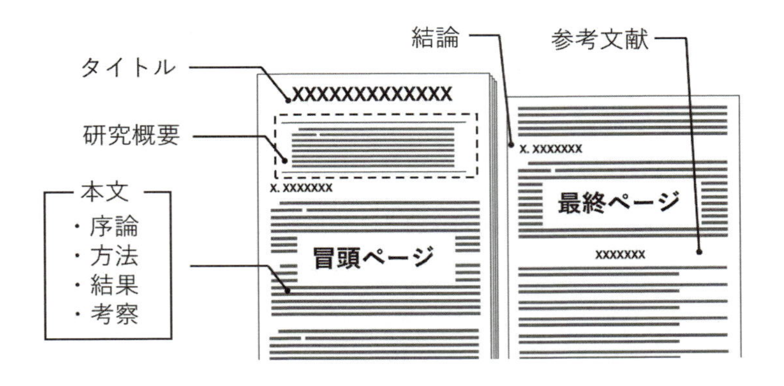

らかじめ定められるため，読者は，論文のどこに何が書いてあるかを予測しやすくなり，情報を効率的に収集することができます．また，情報が整理されることで，研究結果を体系的に理解し，批判的に評価することも可能になります．執筆者にとっても，IMRAD 形式は研究に関する情報を整理し，発見を体系的に発表するための思考をガイドする役割を果たします．

IMRAD 形式に従う論文では基本的に，論文の冒頭にタイトル，研究概要が示され，本文としての「序論」,「方法」,「結果」,「考察」セクションに続き,「結論」が述べられます（「結果」と「考察」セクションが一緒に提示されることもあります）．そして，論文の最後には参考文献のリストが示されます．

特に「序論」「方法」「結果」「考察」セクションにより構成される本文では，セクションの下に必要に応じてサブセクションを設けます．さらに，各セクショ

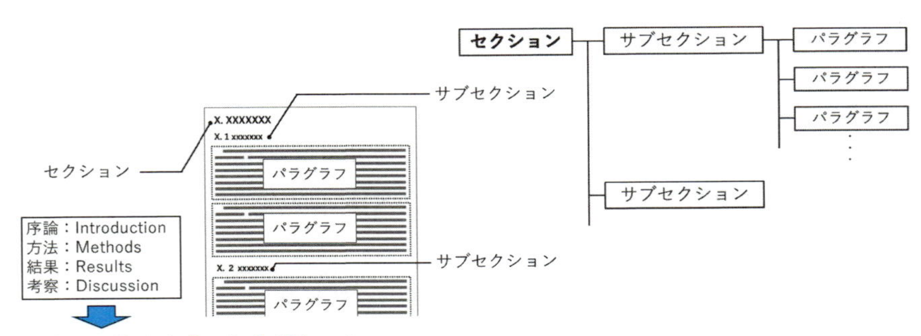

ンもしくはサブセクションに含まれる論文の本文は，パラグラフと呼ばれる単位で構成されています．

セクションをサブセクションやパラグラフなどの単位で構成するのは，セクション内の複雑な情報を効果的に分割して整理し，トピックやアイデアをより伝わりやすくするためです．論文の読者は特定の情報を追跡しやすくなり，執筆者は研究に関する思考を整理しながら執筆を進めることができます．

(1) IMRAD形式に基づく論文構成の詳細解説

ここではIMRAD形式の論文に含まれる主要な項目である,「タイトル」,「研究概要」,「序論」,「方法」,「結果」,「考察」,「結論」,「参考文献」について説明します．一般に,「タイトル」と「研究概要」は無料で公開されていることが多く，データベースや検索エンジンでの検索結果としても表示されるため，誰もが閲覧できる論文の顔としての役割を果たします．一方，論文の本文である「序論」以降のセクションは，基本的に有料であり，アクセスするには何かしらの料金が発生するのが一般的です．

タイトル：タイトルは論文の主題や目的を明確かつ魅力的に伝え読者の関心を引き付ける役割を担い，論文の冒頭に大きく示されています．必要最低限の言葉により構成され，読むだけで論文の内容がイメージできるのが理想的です．タイトルは，読者が論文を選ぶ際の最初の判断基準となるため，論文執筆において非常に重要な要素です．

研究概要：多くの論文において研究概要は，論文冒頭の，ページタイトルの下あたりに掲載されています．研究概要は，読者が論文の全体像を迅速に把握できるよう，研究の内容を短く要約したものです．限られた文字数の中で研究の要点を簡潔かつ明確に表現する必要があり，研究の重要性や主要な発見，結論を際立たせることで，読者の関心を引き論文全体を読む動機づけを提供することが重要です．

序論：「序論」セクションは研究の背景や目的を明らかにし，読者を具体的な研究内容へと導くための重要な部分です．このセクションでは，研究に関連する問題点を設定し，その問題の重要性と解決に向けたアプローチを解説します．また，研究の範囲を明確にし，既存の研究や理論との関連を示すことで，読者が論文の内容をより深く意外する手助けをします．序論により研究の全体像，研究の意義や方向性を提供することで，読者は興味をもって，以降に続く本文を読むことができるようになります．

方法：「方法」セクションは，研究の手順や使用した技術を詳細に説明し，他の研究者が同じ研究を再現できるようにするための重要な部分です．たとえば使用した材料，手法，分析方法などを具体的かつ簡潔に記述し，研究の妥当性や信頼性を判断するための基礎情報を提供します．これにより，研究の信頼性は高まり，学術的な対話を促進するために不可欠な役割を果たします．このセクションを通じて研究の透明性と再現性を確保することは，学術コミュニティにとって非常に重要であり研究成果の解釈や評価を行う際の基盤となります．

結果：「結果」セクションでは実験や調査を通じて得られた具体的な結果を，グラフや表統計データなどを用いて客観的に報告します．結果の報告は解釈や個人的な意見を加えることなく，観察された事実やデータを簡潔かつ正確に記述することが求められます．これにより，結果セクションは読者にとって研究成果を理解し，その意義や影響を評価するための基本的な情報源となり，論文における議論や後続の研究の出発点となります．

考察：「考察」セクションでは，研究成果が専門分野の既存の理解や知識にどのように貢献するかを示します．研究で得られた結果の意味や重要性を深く掘り下げ，既存の知識や理論との関連性を論じることで，その学術界の議論における重要性を読者に対して伝えます．また，研究の限界点や新たに提起される疑問，将来の研究への提案や推奨についても議論します．これを通じて，読者は研究成果の背景やそれによる影響を広い文脈で理解することができます．

結論：本文の最後に示される「結論」セクションは，得られた主要な成果やその意義など，研究の要点を簡潔に提示し，研究成果として，読者が持ち帰るべき主要なポイントを強調し，研究の価値と貢献を確実に伝える役割を果たします．論文の最終的な印象を形成し，読者に対して論文の核心的メッセージを明確に伝える重要なセクションです．

参考文献：「参考文献」は基本的に論文の最後に示され，研究や論文執筆の過程で参照された他の論文など外部の情報源を列挙します．英語ではReferencesやBibliographyなどと表記されます．執筆者がどのような文献に影響を受けたかを明示することで，論文がどのような既存の知識に基づいているかが明らかになるとともに，自身と他の研究者の作業を適切に区別し，学術的な誠実性を保つといった意味でも重要です．また，参考文献は特定の様式に従って整理されており，読者が論文で触れられたデータや理論をさらに深く探求したい場合に，必要な情報源を簡単に見つけられます．

コラム　論文構成の補足

ここでは補足として論文全体を構成するその他の各要素である「著者名」，「所属機関に関する情報」，「謝辞」，「著者の経歴」について説明します．

著者名：論文では，タイトルの直下に論文に携わった著者のフルネームが記載されます．著者の名前の位置は，研究への貢献と役割を示しています．研究の実行や論文執筆の主要な実務を担当した者は，「First Author」として最初に名前が掲載されます．一方で，プロジェクトの監督や指導を行った研究グループのリーダーは，「Last Author」として最後に名前が掲載されます．

所属機関に関する情報：たとえば大学，研究所，企業など，論文の執筆者が所属する機関の名前は，「著者名」の隣，または脚注に記載されます．これにより，著者が所属する学術コミュニティや専門分野が明確にされ，執筆者に連絡を取ることも可能となります．論文においてこれらの情報を示すことは，研究の透明性と説明責任を保つうえでも重要です．

謝辞：「謝辞」では，研究過程で支援や貢献を提供してもらった個人や団体に対して感謝の意を表します．英語では，Acknowledgementと呼ばれています．謝辞の対象は，研究のサポート指導，アドバイスを提供した教授，同僚，指導者，他の研究者，財政的支援を提供した機関，基金，奨学金，企業などです．さらに，研究の実施において実験を手伝った研究助手，データ収集や分析に貢献した個人，論文の構成や編集を支援した人など，その他の重要な貢献者や，さらに著者に対して個人的な指示や励ましを提供した家族や友人に対して謝意を示すこともあります．これらを通じて，研究成果は，個人の努力だけではなく，多くの人々の支援や協力あってのものであることが強調されます．

著者の経歴：「著者の経歴」は通常は論文の末尾に配置され，著者の専門性や研究背景に関する情報となります．著者が取得した学位，たとえば学士，修士，博士など専門分野，過去に所属してきた大学や研究機関の情報，また著者の主要な研究分野，これまでに携わった重要な研究プロジェクト発表した論文や書籍など，研究業績に関する情報も紹介されます．さらに，著者が保有する専門的な資格，たとえば教授，助教，研究員などの現在の職位，関連する学会や専門組織での役割や活動についても触れられます．このように，著者の専門性や研究背景を示すことで，著者の研究に対する深い理解とその分野での権威を読者に伝え，論文の内容への信頼性と透明性をさらに高めます．

(2) パラグラフ構造とその重要性

次は，論文の本文を構成する文章の単位であるパラグラフの構造とその重要性について例を用いて説明します．

筆者は，特に英語論文を執筆する際には，まずはパラグラフの理解とそのルールの徹底が第一歩であるとともに，最も効果的な手段なのではないかと考えています．パラグラフについては，中学や高校の英語の授業で習っていると思いますが，実際に英文の読み書きをする際にこれを意識している人は少ないようです．幸い，パラグラフは，多くの人が必死に勉強している単語や文法のように難解なものではありません．是非とも，これを機会にパラグラフを理解し，これを意識して英語論文に接するとよいと思います．

まずは，以下の①と②の英文を読み，どちらが読みやすく，内容が頭に残るか考えてみてください．英語が苦手な方は，日本語訳を読むだけでも構いません．

① In the world of the internet and media, English plays a significant role in accessing and sharing information, but this is also true in the fields of international business, science, education, and politics. While there are international conferences and academic journals where English is used as the primary language, this is an essential element in a globalized society. The reason why people from different countries and cultures can communicate on a common platform is that English is widely used.（インターネットとメディアの世界では，英語は情報のアクセスと共有において重要な役割を果たしているが，国際ビジネスや科学，教育，政治の分野でも同様である．英語が主要な言語として用いられる国際会議や学術ジャーナルがある一方で，これはグローバル化社会において不可欠な要素である．異なる国や文化の人々が共通の基盤でコミュニケーションを取ることが可能になるのはなぜかというと，英語が広く使われているからである.）

② English is an essential means of communication in a globalized society. This language is widely used around the world and plays a central role in the fields of international business, science, education, and politics. For example, in many international conferences and academic journals, English is used as the primary language, enabling people from different countries and cultures to communicate on a common platform. Furthermore, English is dominant in the world of the internet and media, playing a significant role in accessing and sharing information.（英語はグローバル化社会における必須のコミュニケーション手段である．この言語は世界中で広く使われており，国際ビジネス，科学，教育，そして政治の分野において中心的な役割を果たしている．たとえば，多くの国際会議や学術ジャーナルでは英語が主要な言語として用いられ，これにより異なる国や文化の人々が共通の基盤でコミュニケーションを取ることが可能になる．さらに，英語はインターネットやメディアの世界でも支配的であり，情報のアクセスと共有において重要な役割を果たしている.）

①と②は同じような内容を扱っていますが，おそらく多くの方が，②がより

読みやすく，内容も記憶に残ると感じているはずです．これは，お気づきの方も多いと思いますが，②はパラグラフのルールに従って構成されているのに対し，①はそうではないためです．以下では，これら二つの英文の事例を踏まえ，パラグラフの構成とその効果について詳しく説明していきます．

パラグラフは一つの完結したアイデアや主張を表現するための文章の集まりの単位です．

パラグラフの最初にはパラグラフの話題や主題を提示するトピックセンテンスが配置されます．そして，トピックセンテンスに続いて，複数のサポーティングセンテンスが配置されます．これらはトピックセンテンスで導入されたアイデアや主張を支えるための具体的な事例, 証拠理論的根拠などを提供します．

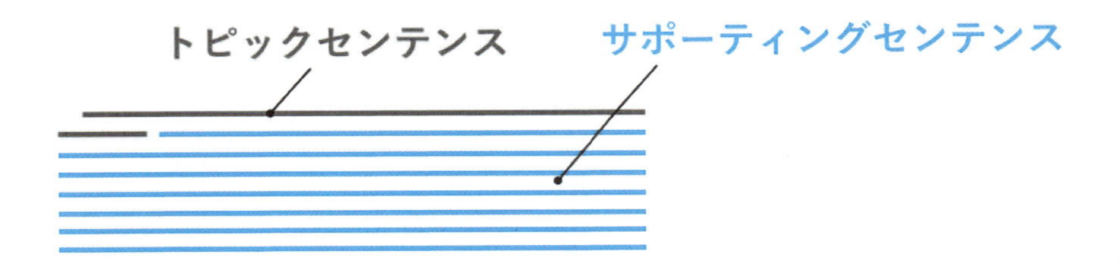

パラグラフについて適切に理解し，それを適用することは，論文の読者と執筆者の双方にとって有益です．上述した構造により，トピックセンテンスで明確に示されたパラグラフの話題に興味をもった読者は，その興味を持続させたまま，話題に関連する詳細情報をサポーティングセンテンスから収集することができます．また，パラグラフのルールが徹底されていれば，読者はトピックセンテンスを拠り所に，状況に応じてサポーティングセンテンスをスキップする，もしくは流し読みするといったメリハリのある読み方をすることもできます．執筆者としても，トピックセンテンスで示した焦点に沿ったサポーティングセンテンスを配置することで，パラグラフの主題から逸脱することなく一貫したメッセージを読者に伝えることができます．

では，先ほど提示した①と②のパラグラフの事例を比較し，パラグラフの構成が，読み手へ与える影響について考えます．

まずは，①について考えます．パラグラフでは，最初にトピックセンテンスを提示し，その内容に関連するサポーティングセンテンスを配置することで，各文に論理的なつながりをもたせることが重要ですが，①の英文にはそれが不足しています．最初の文でインターネットとメディアの世界における英語の役割に触れたのち，突然，国際会議や学術ジャーナルでの英語使用，さらにはグローバル化社会における英語の重要性に話が飛躍することで，パラグラフ全体の焦点がぼやけています．

トピックセンテンスで提示された主題からサポーティングセンテンスが逸脱すると，読者は混乱しやすくなります．パラグラフのルールに従うのであれば，サポーティングセンテンスでは，なぜ英語がインターネットとメディアで重要なのか，その具体的な例や影響について，詳細な説明や分析を加えるべきですが，各文の内容が発散し，結果としてパラグラフ全体としての一貫性や流れが欠けており，それが読者の理解を妨げています．

一方，②は，先に述べたパラグラフのルールに従っています．「英語がグローバル化社会での必須のコミュニケーション手段である」という明確な主題がトピックセンテンスにより提示され，サポーティングセンテンスではこの主題のもとに情報が一貫して整理されています．つまり，英語の世界での広範囲な使用状況から，その影響，そして具体的な例へと展開することで，英語がどのようにグローバルなコミュニケーションの架け橋となっているかを示しています．

トピックセンテンスにより，読者はパラグラフの焦点をすぐに把握し，その後に続くサポーティングセンテンスの内容を予測できます．続くサポーティングセンテンスでは，予測に合致する情報が一貫して整理されていることで，読者はトピックセンテンスで示された主題をより深く理解することができます．

以上から，①に比べて②のほうが読者による解釈の相違が生じる可能性は低くなっているといえます．パラグラフのルールに従っていない①は，パラグラフ全体を通して読まないと執筆者の意図が理解しにくいことは明らかです．さらに，読者によってさまざまな解釈が生じる可能性があると危惧されます．一方，②では，トピックセンテンスによって執筆者がパラグラフを通じて何を伝えたいのかが明確にされており，実際，その後のサポーティングセンテンスではこの主張が補足されています．

3.2 論文の効率的な読み方と情報抽出の戦略

ここでは，先に紹介したIMRAD形式やパラグラフなどの論文の構造を踏まえ，論文の効率的な読み方と，そこからの情報抽出の戦略について考えます．本書では，効果的な英語論文執筆の方法を提案しますが，その理解を深めるためにも，どのような論文が読者にとって読みやすいのかを考えてみましょう．

まずは，一般的にどのように論文が読まれているかを考えてみてください．おそらく，研究や学習の一環として論文に目を通す際には，多くの方が最初にタイトルを確認し，そのタイトルに興味を惹かれたら研究概要を読み進めているのではないでしょうか．

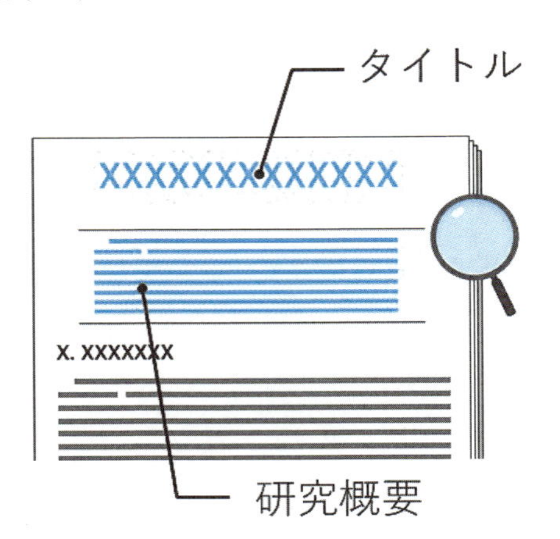

タイトルと研究概要は，ほとんどの場合，無料で公開されているので，情報収集の第一歩としてこのプロセスを踏むのは自然な流れです．研究概要を読んで興味がわいた場合，その論文を手に入れて，本文に目を通すことになるでしょう．

本文を読み進める際，論文の内容をしっかりと理解するために，全体を精読する必要があると思い込んでいる方は多いかもしれませんが，筆者としてはこの方法はあまりお勧めしません．興味をもって読み始めた論文であっても，全体を理解しようとして精読すると，かえって何も頭に残らないはずです．特に研究を始めたばかりの方や真面目な性格の方は，これを聞いて驚くかもしれませんが，筆者の知る限り，プロの研究者であっても，読んだ論文全体を完全に理解している人は稀です．

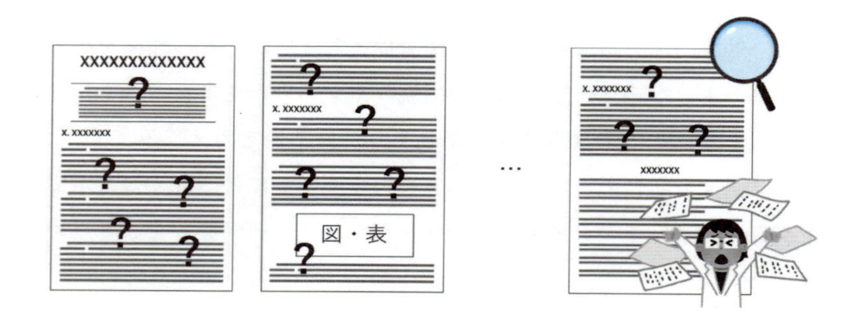

基本的に，われわれが論文を読む目的は，新しい知識を得ることであり，論文から得るべきは，その内容のすべてではなく，自分の研究や学習に生きる情報です．論文には，大まかにいえば執筆者が立てた問いと，それに対する答えが記されていますが，読者はそこに含まれるすべての情報を理解する必要はありません．多くの場合，読者は論文の執筆者とは異なる目的で研究やその他の活動を実施しており，別の論文が引用している内容や，特定の測定方法の具体的手順など，本当に必要な情報が載っているのは，論文の特定の部分のみであることがほとんどでしょう．

論文を読む際には漠然と全体を精読するのではなく，あらかじめどのような情報を手に入れたいのか，目的を明確にしたうえで，それに沿った情報を効率的に抽出することが重要です．必要な情報が得られればその文献調査は成功といえます．その他の部分が完全に理解できなくても，過度に気にする必要はありません．もちろん理解できるに越したことはありませんが，限られた時間の中でどの情報を深く理解するかの取捨選択は，研究を進めるうえで重要でしょう．

(1) 論文の構造理解に基づく情報抽出の方法

IMRAD形式やパラグラフのルールなどの論文の構造を理解していれば，読者は，論文の全体像を把握したうえで必要な情報が書いてある箇所を特定しそこをじっくりと読み込むことで，論文から得たい情報を効率的に収集することが可能です．ここまで，IMRAD形式による論文は「序論」，「方法」，「結果」，「考察」セクションにより構成され，それぞれのセクションはサブセクションにより，さらにそのサブセクションはパラグラフ(トピックセンテンスとサポーティングセンテンス）より成り立っていることを説明しました．このことを前提にすれば，読者が論文の全体像を把握し，効率的に必要な情報にアクセスするために，以下のような効率的な論文の読み方が考えられます．

論文の全体像を把握するための具体的な方法は，最初からじっくりと読んでいくのではなく，以下の図でオレンジ色になっている部分を優先的に目を通していくことです．

・タイトル
・研究概要
・セクションタイトル
・サブセクションタイトル
・トピックセンテンス
・図・表
・結論

まずは，タイトルと研究概要を読んで，論文の全体の内容を確認したうえで，各セクション，サブセクションのタイトルからそれぞれの箇所において説明されている内容をイメージします．そして，各パラグラフのトピックセンテンスと実験結果などが視覚的にまとめられた図表に目を通し，具体的な説明や論文の主張の中心となるデータの内容を把握します．そして，「結論」を読み，その論文による主張を確認します．

この手順を踏めば，論文全体を精読するよりもはるかに効率的な情報収集が可能となります．論文の内容がはるかに明確かつスムーズに頭に入ってくるため，論文の全体像を短時間で把握し，自分が必要とする情報に関連した部分を特定し，その部分のみを詳しく読み進めることで，自分にとって必要な情報のみを論文から効率的に抽出することが可能となります．その結果，研究の質も必然的に高まるはずです．

コラム　英国留学で学んだ英文資料の読解とディスカッションのための戦略

本文では，論文を読む際には，すべての内容を詳細に理解しようとするのではなく，自分の目的に合わせて，必要な情報を効率的に得ることが大切であることを説明しました．筆者はこのことを，英国の語学学校での体験を通じて学びました．ここでは，その体験エピソードについて紹介したいと思います．

筆者は，日本の大学を卒業した後に英国に留学し，そこで修士・博士課程を過ごしました．修士課程が始まるまでの半年間，筆者は大学が運営する語学学校に通いました．語学学校では，あらかじめ課題として配布された 10 から 20 ページの英文資料を読み，グループでディスカッションを行う形式で授業が進められていました．大学入試や留学に必要な英語検定試験で読む英文はせいぜい A4 用紙 1 ページ程度なので，10 から 20 ページの英文はかなりの分量に感じました．いくら時間をかけても理解できず，苦労したことを覚えています．

筆者は，とあるきっかけで，課題の英文資料を効率的に読み，短時間で語学学校でのディスカッションに備える方法を見つけました．語学学校には，このディスカッションでやたら張り切る人がいました．筆者がうまく議論に参加できないと，「あなたのいっている意味がわからない！」「資料はちゃんと読んできたのか！？」，「そんなことは書いてなかったと思う」といった感じで徹底的に詰められました．そのようなことをいわれると，筆者は何も言い返せませんでした．資料は読んで来ていたものの，全体を理解している自信がなかったからです．

ある日，授業までに課題となっていた英文資料を読む準備ができなかったことがありました．しかし，全く内容を知らない状態でディスカッションに臨むわけにもいかないので，授業の直前に目次のみに目を通して全体を読んできたふりをすることにしました．その日も，上述した人はこのときもやはりいつもの調子で資料に書いてあったことに関して，誇らしげに自分の見解を述べていました．しかし，筆者にはその見解の大部分が，どうしても腑に落ちませんでした．少なくとも直前に読んだ目次の内容からは，どう考えても資料でそのようなことが論じられているとは考えられなかったのです．

筆者は，「それは資料のどこに書いてあったことを根拠にしているのですか？」と聞いてみました．すると，その人はその質問に明確に答えることができず，目次を見れば当然のことではあるのですが，グループでのディスカッションの結果，実はそんなことは全然書いていないということになりました．

先に述べた通り，このとき，筆者は課題となっていた資料を読んでいませんでしたが，その資料全体をしっかりと読んできているはずの他のメンバーよりも，資料について深く理解していたことは間違いありませんでした．やはり 10 から 20 ページのボリュームの英文資料を理解することは，少なくとも語学学校の参加者には難しく，みんな筆者と同様に，すべての文章を読もうとしても，結局，あまり理解できていなかったということでしょう．

それ以降，筆者は課題の英文資料は，まずは目次に目を通して内容の全体像を把握し，資料全体に目は通しますが，しっかりと読むのは気になるところだけするようにしました．資料の読み方をこのように変えて以降，より積極的にディスカッションに参加できるようになっただけではなく，議論を主導できるようにさえなりました．この経験から 10 から 20 ページ英文資料や本一冊といった長い資料を読むうえで，目次などから資料の全体像を把握するほうが，内容を理解できることを確信しました．

高校までの勉強では，興味のないことも含めて，教材の詳細までひたすら暗記することで高い評価を得られることが多かったため，最初はこのような読み方をすることに関し，手を抜いているような罪悪感を覚えていました．しかし，情報収集により得られる成果の量を考えると，こちらのほうが実践的かつ効率的であることは間違いないと思います．もちろん，この語学学校での経験が，修士・博士課程といったその後の研究生活の本番においても大いに役立ったことはいうまでもありません．

3.3 論文評価における重要な基準とその満たし方

(1) 英語論文の理解を困難にする要因

ここまでで紹介した効率的な論文の読み方を実施するメリットは，論文の全体像を素早く把握できるだけでなく，これを実施することにより，その論文が読者の理解を助けるよう設計されているかどうかを確認できることも挙げられます．実際には，紹介した読み方を実施してもその内容の全体像がいまいち頭に入ってこないことがあります．このような場合，読者の興味からかけ離れた内容でないのであれば，その論文には以下のような問題がある可能性が高いでしょう．

(1) パラグラフのルールが守られていない
(2) 研究概要と本文の内容が対応していない
(3) 研究の背景となる問題設定がわかりにくい
(4) 英語が読みにくい

これらは相互に影響を及ぼしあうので，これらの項目の 1 つでも当てはまると，他の項目も当てはまることが多いでしょう．以下，これらの各項目について説明していきます．

パラグラフのルールが守られていない：論文の本文でパラグラフのルールが守られていない場合，先に紹介した手順に従いトピックセンテンスのみを追ったところで，論文の全体像を把握することにはつながりません．論文の本文はパラグラフ（トピックセンテンスとサポーティングセンテンス）により構成されていると説明しました．ルールが守られていない焦点を欠いたパラグラフの集まりになってしまっている論文は，メリハリのある読み方を実施するのが困難になります．論文全体を読んで，その理解を試みるとしても，必要な情報を見つけ出すのに時間がかかり，読者にとって大きな負担となります．また，苦労して内容を理解したつもりになっても，その読者の理解が執筆者の意図とどの程度合致しているかも不透明です．

研究概要と本文の内容が対応していない：研究概要と本文の内容が明確に対応していない場合も，論文の全体像を把握することは難しいと考えられます．論文全体を簡潔にまとめた研究概要は，サブセクションのタイトルや各パラグラフのトピックセンテンスを統合した内容に対応しているはずです．これらの内容に明確な整合性を見出せない場合には，たとえば「結果」や「考察」セクションのみの要約となっているなど，研究概要が論文全体の内容を適切に反映していないことが考えられます．また，パラグラフのルールが守られていない論文もこのような状況になり得ます．いずれにせよ，このような場合，先の議論と同様，必要な情報を見つけ出すためには焦点がぼやけた論文の全体を読む必要があり，読者にとって大きな負担になります．

研究の背景となる問題設定がわかりにくい：論文を読む際，研究の背景となる問題設定を理解することは，その研究がなぜ行われているのか，どのような価値をもっているのかを理解するうえで不可欠です．特に研究の背景となる問題設定（テンプレートでは背景問題，学術的問題に該当）が明確にされていない場合，読者は研究の目的や意義を理解することが困難になります．もちろん，その論文が特定の学術コミュニティに所属する専門家のみを読者として想定しているのであれば，研究の背景となる問題は明記する必要がないかもしれません．このため，研究概要と本文のトピックセンテンスに目を通した段階で研究の背景となる問題設定を理解できないのは，読者の知識不足によるものなのか，論文の執筆者が情報提供を怠っているためなのかは一概に判断することはできません．しかし，この状況では，読者が論文の成果の価値を判断することは難しく，必要な情報が得られる可能性が低いことは確かでしょう．

英語が読みにくい：英語論文の場合，当然，英語が読みにくいことは論文を読み進めていくうえでの妨げとなります．学術界において，日本人による英文が読みにくいという意見をしばしば耳にします．第5章で詳しく説明しますが，これには，文章が長すぎる，接続詞や受動体の過剰な使用，冠詞の不適切な使用といった原因が考えられます．ただし，本書でも紹介する通り，機械翻訳や

ChatGPTのようなAI技術の登場により，今後は，ある程度のレベルの英文で論文を書くことが多くの人にとって可能となるため，この問題に関しては比較的簡単に解消されるものと期待しています．

(2) 論文査読における重要な基準とその満たし方

以上の手順により論文の全体像の把握を試みた結果，その時点で手にしている論文に上記の問題が含まれていることが判明することがあります．このような場合，貴重な時間を使って全体を精読するか，別の論文を探すかについては，慎重に考えるべきだと思います．上述の項目に関して配慮がなされていない論文から必要な情報を抽出するためには，その論文全体に目を通す必要があり，この作業にはかなりの時間を要することは確かです．またこのような論文は，いくら精読したとしても理解できない可能性さえあります．個人的には，こういった論文に関しては，スキップして別の論文を探すという選択が賢明なのではないかと考えています．

もちろん，論文を読むかどうかを決めるのは読者の自由ですし，どのような論文を書くかも執筆者の自由です．しかし筆者としては，以上の議論を踏まえ，論文が評価の対象となるための条件として以下の項目を提案したいと思います．

(1) パラグラフのルールの徹底
(2) 研究概要と本文の明確な対応
(3) 明確な問題設定
(4) 読みやすい英文による執筆

論文の査読や，長年にわたりさまざまな分野の学生からの英語論文に関する相談に対応していた経験から，評価される論文を執筆するには，まずはこれらの項目を意識することが必要不可欠なのではないかと考えています．筆者が論文を査読する際にも内容の詳細を理解することが困難な論文は，やはりこれらの基準を満たしていませんでした．また，筆者に相談に来た学生の論文に対する査読者によるコメントを見ても，研究内容よりも，これらの項目を満たすことが暗に求められている場合が多いと感じています．査読者としては，やはり，論文の内容以前にまずはこれらの不備が目につくということでしょう．

また，筆者による査読や英語論文の指導の経験を通じた印象では，これらの項目を満たしていると思える論文は全体の3割程度です．これは，素晴らしい研究成果を上げることは当然として，そのうえでほんの少し論文の構成やパラグラフに関する意識を高めるだけで，投稿した論文が相対的に高い評価を受ける可能性があることを示唆しています．

筆者はこれまでに英語論文の執筆に関する議論では，文法や表現など英語に関する技術的な問題に過度な焦点が当たっていると感じてきました．もちろん，この点については，評価される論文を書くために気をつけるべきこととして「読みやすい英文による執筆」を挙げている通り，重要な位置づけであることは確かでしょう．しかし，今や機械翻訳やChatGPTのようなAI技術の登場により，「言葉の壁」はかなりのレベルで克服できるようになりました．今後は，英語論文執筆において留意すべきこととして「パラグラフのルールの徹底」，「研究概要と本文の明確な対応」，「明確な問題設定」といった，論文の構成など伝達される情報の質に関連した，より俯瞰的な視点が重要になってくると考えています．

まとめ

1. 多くの論文に採用されているIMRAD形式は研究に関する情報を明確かつスムーズに伝えるためのフレームワークとして機能している
2. 適切なパラグラフ構成により情報を整理することで論文の焦点が定まり，読みやすさが向上する

3. まずは論文のタイトル，研究概要，サブセクションタイトル，パラグラフのトピックセンテンス，図表に目を通すことで論文の全体像を把握し，その論文の読みやすさと内容をある程度評価することができる
4. 読者にとって読みやすく有益な論文を書くためには，明確な問題設定，適切なパラグラフ構成，研究概要と本文の対応などを考慮することが重要である

プロンプト集ダウンロードサービス

本書の Chapter 4 と 5 で紹介している，ChatGPT 向けのプロンプトをダウンロードしていただけます．

下記 URL または二次元バーコードから本書のページを開き「内容説明」のところの「プロンプト集」をダウンロードしてください．

https://www.kagakudojin.co.jp/book/b651175.html

テキストファイルですので，必要な部分をコピーして，ChatGPT に貼り付けてご使用ください．

chapter 4

英語論文のための日本語原稿の作成：ChatGPT による効率化

この章のポイント

1. 評価される英語論文を執筆するためにはどのような手順や戦略が考えられるのか？
2. 各セクション（序論，方法，結果，考察）は具体的にどのように構築していくのか？
3. ChatGPT を活用した英語論文執筆のプロセスはどのように実践すべきか？
4. 論文執筆の作業において ChatGPT を活用する場合に注意すべきことはどのようなことか？

4.1 英語論文執筆のための手順と戦略

ChatGPT を使った英語論文執筆の方法を説明する前に，まず，筆者が推奨する英語論文執筆の進め方について説明します．本書では ChatGPT を活用して論文原稿を作成することを目指していますが，以下で説明することは ChatGPT の活用の有無を問わず成り立つことだと思います．

第３章で説明した，評価されるための条件を満たす英語論文を完成させるためには，まずは研究概要を作成し，それをもとに，序論，方法，結果，考察のセクションの構成を考え，サブセクションの概要，パラグラフの作成へと進めていくのがよいのではないかと考えています．タイトルと結論セクションは研究概要を作成した段階か，原稿を完成させた段階で実施するのがよいでしょう．

また，本書の読者は基本的に日本語を母国語としていることを想定しています．母国語が日本語であれば，特に論文の内容を詰める作業はできるだけ日本語で行うほうがよいでしょう．機械翻訳がここまで進化した今，まずは日本語の原稿をしっかりと完成させて，それを英訳するという手順を踏むことを推奨します．もちろん，海外の方が共著者に入っている場合などは別かもしれませんが，共著者が日本人のみの場合はスムーズな議論を実施できるほうが望ましく，論文執筆の段階で「言語の壁」を作ってしまうのは作業を増やすだけだと思います．

以上を踏まえて，先ほど紹介した各手順について具体的に説明していきます．

手順１　研究概要の作成：研究概要は，第２章で紹介した研究概要のテンプレートを活用して作成します．テンプレートの内容は，論文全体の内容の中核となる情報が漏れなく含まれるようになっています．

テンプレート：［1］のためには，［2］が必要である．しかし，この際，［3］が問題となる．その解決策として［4］が考えられる．これに関連し，近年，［5］に着目した研究が行われている．しかし，［6］に関する知見は得られていない．本研究では，［7］と［8］の関係に着目し，［9］の［10」による［11］の［12］への影響を調査した．［9］の準備は［13］により行い，［10］の調整は，［14］により行った．そして，［11］の準備は［15］により行い，［12」の測定は［16」により行った．これより［17］という結果が得られた．これについての考察は［18］となった．

研究概要を作成した段階で，一度，指導教員や共著者など論文投稿の関係者と，内容の方向性を確認するとよいでしょう．これにより，以降の作業における関係者との「認識のずれ」を防止することができます．筆者は，特に学生の方の論文執筆作業がスムーズに進むかどうかは，ここで決まると思っています．

研究概要を作成したら，その内容をもとに，序論，方法，結果，考察の各セクションを構築していきます．本書では，手順２で序論セクションの，手順３～５で方法，結果，考察セクションの構成の作成を説明します．

序論セクションの構成とは，セクションに含まれる各パラグラフのトピックセンテンスとサポーティングセンテンスによる説明の要点です．「方法」「結果」「考察」セクションの構成とは，各セクションに含まれるサブセクションのタイトルとその概要です．これらの各パラグラフの具体的内容は手順６，７のように作成します．

手順２　序論セクションの構成：序論セクションに記載されるべき内容は，第２章で紹介した研究概要のテンプレートにおける背景問題，解決策，学術的問題の部分です．序論の本文では，これらの各空欄に該当する語句を詳しく説明していきます．

テンプレートの「序論」部分：［１］のためには，［２］が必要である．しかし，この際，［３］が問題となる．その解決策として［４］が考えられる．これに関連し，近年，［５］に着目した研究が行われている．しかし，［６］に関する知見は得られていない．

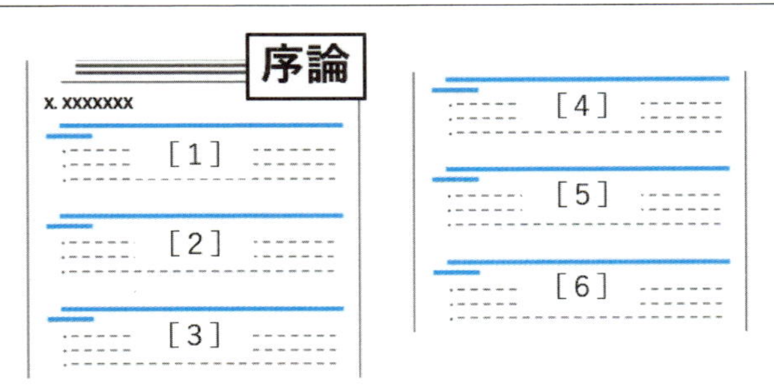

手順３　方法セクションの構成：方法セクションでは，実際に実施した調査の方法を説明するため，テンプレートの調査方法の該当部を使います．

テンプレートの「方法」部分：本研究では，［7］と［8］の関係に着目し，［9］の［10］による［11］の［12］への影響を調査した．［9］の準備は［13］により行い，［10］の調整は，［14］により行った．

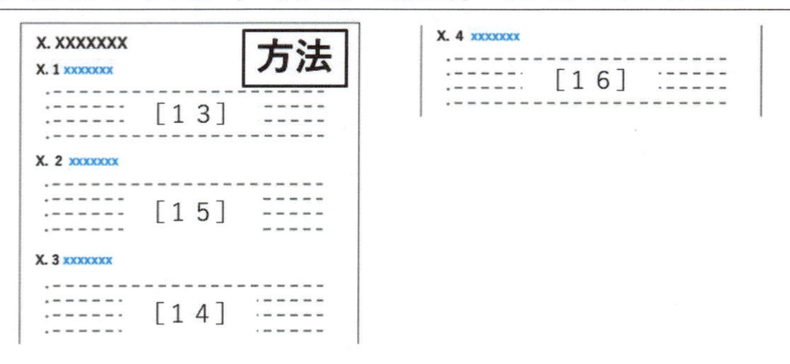

この段階では，漏れなく情報を示すためのたたき台です．後で関係者と実施するブラッシュアップの過程で，より適切な構成にするべきだと思います．

手順４　結果セクションの構成：結果セクションでは，調査を通じて得られた結果を示します．ここで示される内容は，研究概要で示した結果の内容に矛盾のない範囲で，方法セクションで紹介した調査の内容と方法に対応している必要があります．結果セクションの内容はここまでのセクションに比べると，その内容や書き方は比較的執筆者に委ねられます．

テンプレートの「結果」部分：これより［17］という結果が得られた．

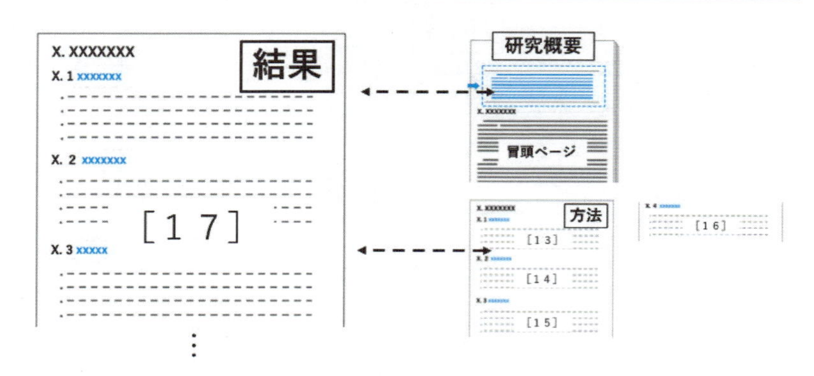

手順５　考察セクションの構成：考察セクションでは，得られた結果に関する解釈などを示します．考察セクションの内容は，研究概要で示した考察の内容に矛盾のない範囲で，かつ結果セクションに対応している必要があります．考察セクションの内容も結果セクションと同様，その内容や書き方は比較的執筆者に委ねられます．

テンプレートの「考察」部分：これについての考察は［１８］となった．

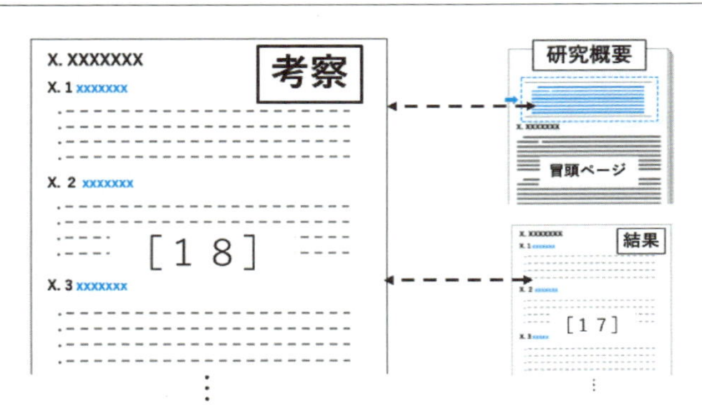

手順６　サブセクションの構成：ここまでの手順１から５を通じて，序論のトピックセンテンスとサポーティングセンテンスによる説明の要点と，方法，結果，考察のサブセクションタイトルとその各サブセクションの概要が完成しました．以降はこれらをもとに論文の詳細を固めていきます．具体的には方法，結果，考察セクションの各サブセクションにおいて，トピックセンテンスとサ

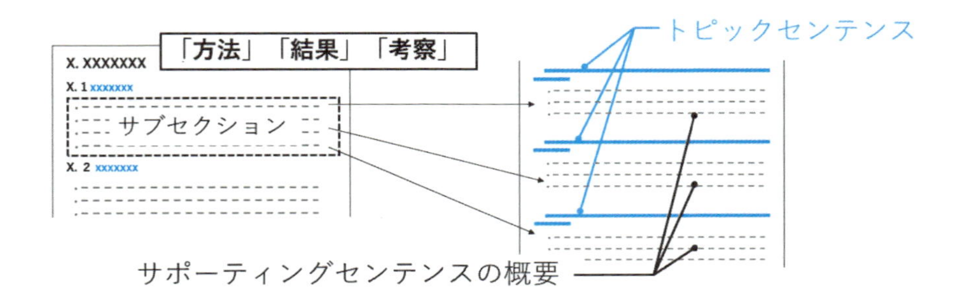

ポーティングセンテンスによって説明していきます．

手順７　パラグラフの作成：パラグラフにおいて，トピックセンテンスとサポーティングセンテンスの要点を考えた後に，具体的にサポーティングセンテンスを考えて各パラグラフを完成させます．必要に応じて図や表も入れましょう．すべてのパラグラフに関してこれを実施すれば，論文の本文は完成します．ここまでで，研究概要と本文が完成することになります．

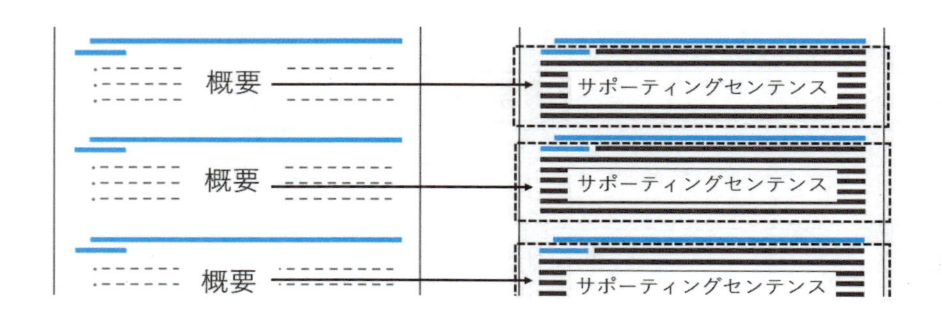

手順８　タイトルと結論セクションの作成：最後に，結論セクションとタイトルの作成です．論文全体が仕上がったところでその内容に最もふさわしい論文のタイトルと結論を考えましょう．ただし，タイトルと結論セクションは必ずしも最後に書く必要はなく，論文を書き始める最初に決めてしまうのも悪くないと思っています．

4.2 ChatGPTを活用した論文執筆プロセスの最適化

ここからは，先ほど紹介した英語論文執筆のための手順をChatGPTとともに実施する方法を説明します．まずは以下の図に示すプロンプト1から9に沿って，日本語の論文原稿を作成することを提案します．プロンプトの内容は状況にあわせて適宜修正してください．

これらのプロンプトは，有料のChatGPT-4を使用し，同一のチャットで実施されることを前提としています．無料のChatGPT-3.5ではおそらくうまく

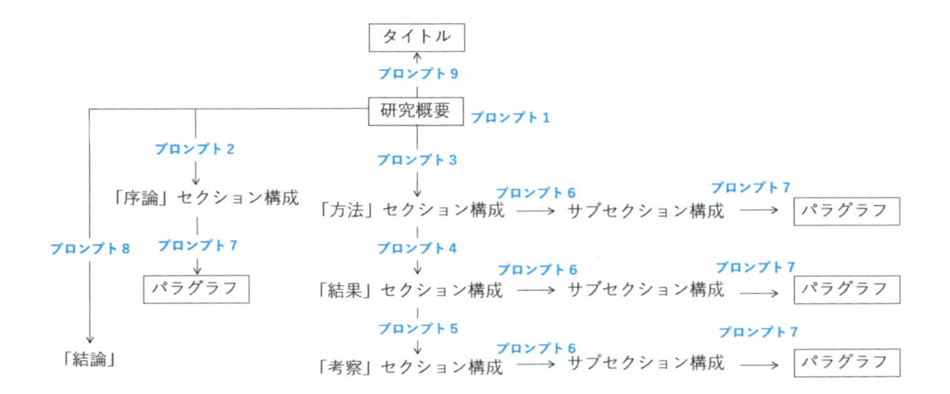

いきません．ただ，20ドルで，ここで紹介するプロセスを実施可能になり英語論文執筆の負担が大幅に軽減されるのなら，払う価値は十分にあると思います．

まずは，プロンプト1を使って研究概要を作成します．このプロンプトにより，ChatGPTはまず，あなたに対して研究に関するヒアリングを行います．そして，対話を通じて，あなたが納得するようにテンプレートを埋めていくことで，研究概要の草案を完成させます．

プロンプト1：研究概要の作成

私は，〇〇を専門分野とする××課程の△年生です．これまでに研究を実施してある程度の成果が出てきたため，論文を執筆しようとしています．あなたは論文執筆指導を専門とした優秀な大学教員で，あらゆる学術分野に精通しており，論文執筆に悩む学生の相談に親身に乗り，論文執筆のための適切なアドバイスをします．あなたは私との対話を通じて，以下の※目標※を達成してください．対話は，※対話における注意事項※に従い，※対話の進め方※に沿って進めてください．

※目標※

私が実施した研究の概要を，以下のテンプレートの［1］から［18］の語句を設定することにより定義する.

テンプレート:［1］のためには，［2］が必要である．しかし，この際，［3］が問題となる．その解決策として［4］が考えられる．これに関連し，近年，［5］に着目した研究が行われている．しかし，［6］に関する知見は得られていない．本研究では，［7］と［8］の関係に着目し，［9」の［10」による［11］の［12］への影響を調査した．［9］の準備は［13］により行い，［10］の調整は，［14］により行った．そして，［11］の準備は［15］により行い，［12］の測定は［16］によりおこなった．これより［17］という結果が得られた．これについての考察は［18］となった.

※対話における注意事項※

・質問は一度に一つずつ行ってください.

・あなたは論文をまとめられずに困っている私に常に親身に寄り添い，具体例などを積極的に示すなど，丁寧なサポートに徹し，私から具体的な情報を引き出すようにしてください.

・各ステップで作成した内容に満足していることを私に確認したうえで次のステップに進めてください.

・提案の内容は文系の高校三年生でも理解できる内容にしてください.

・あなたが提案する論文の記述は,「です・ます」調ではなく「である」調でお願いします.

※対話の進め方※

以下（1）（2）をステップバイステップで実施してください.

（1）最初に,

『こんにちは．私は論文執筆指導の専門家です．これから，あなたとの対話を通じて，あなたが論文を書いていく上で必要となる，研究成果のエッセンスを抽出し，研究概要を作成するお手伝いをします．まずは，あなたの研究について教えてください．研究テーマや実際に行った調査の内容など，思いつくことをなんでも詳しく教えてください．』
と投げかけ私からの回答を得てください．

(2) 続けて，以下の (a) から (i) を，一項目ずつ私の承諾を得ながらステップバイステップで実施し，テンプレートの [1] から [18] を設定してください．
@ [1] から [16] にはできるだけ明確かつ簡潔に語句を短く設定するようにしてください．
(a) [1] [2] [3] を決定することで，研究の意義や必要性に関連する研究の背景にある問題を定義する
@ [1] [2] [3] により定義される問題とは，[1] という目的のために [2] という行動をとると [3] という弊害，もしくは [1] の妨げが発生するといった状態であることを意識してください．
(b) [4] を決定することで，研究の背景にある問題の解決策を設定する
(c) [5]，[6] を決定することで学術的な背景を設定する
(d) [7]，[8] を決定することで，研究において着目した要素同士の関係を設定する
(e) [9]，[10]，[11]，[12] を決定することで，実施した調査の内容を設定する
@ [9]，[10]，[11]，[12] の設定の際には，[9] は [7] の構成要素，[11] は [8] の構成要素であり，[10] は [9] の属性，[12] は [11] の属性であることに注意してください
(f) [13] の決定により [9] を準備した方法，[14] の決定により [10] を調整した方法を設定する
(g) [15] の決定により [11] を準備した方法，[16] の決定により [12]

を測定した方法を設定する
(h) [17] の決定により結果の概要を設定する
@ [17] はテンプレートを意識しつつも，ある程度柔軟に表現してください.
(i) [18] の決定により結果の概要を設定する
@ [18] はテンプレートを意識しつつも，ある程度柔軟に表現してください.

研究概要が完成したら，次は序論のセクション構成の作成です．これはすでに作成した研究概要をもとに，以下のプロンプト 2 を用いて行います.

プロンプト 2：「序論」セクション構成の作成

ありがとうございます．引き続き，あなたは論文執筆指導を専門とした優秀な大学教員です．私との対話を通じて，以下の※目標※を達成してください．対話は，先に定めた※対話における注意事項※に従い，以下に定める※対話の進め方※に沿って進めてください.

※目標※
研究概要の以下の部分に正確に対応させて，論文の「序論」セクションの構成（各パラグラフのトピックセンテンスとそれに対応するサポーティングセンテンスによる説明の要点）を設定する.

テンプレート「序論」該当部：[1] のためには，[2] が必要である．しかし，この際，[3] が問題となる．その解決策として [4] が考えられる．これに関連し，近年，[5] に着目した研究が行われている．しかし，[6] に関する知見は得られていない.

※対話の進め方※
以下（1）から（3）をステップバイステップで実施してください．
（1）最初に
『研究概要の作成お疲れ様でした．次は，これまでに作成した研究概要を使って，実際に論文の「序論」セクションの構成を考えていきましょう．』と投げかけ対話を始めてください．

（2）続けて，以下に示す条件を満たす第1パラグラフから第6パラグラフの各トピックセンテンスとそれに対応するサポーティングセンテンスによる説明の要点を設定し，対話を通じて私からの合意を得てください
・第1パラグラフ：[1] が重要であることを述べる
・第2パラグラフ：[1] という目的を達成するために [2] を実施する必要があることを述べる
・第3パラグラフ：[2] を実施すると [3] という弊害が発生することを述べる
・第4パラグラフ：第3パラグラフで述べた状況は [4] という手段で解決される可能性があることを述べる
・第5パラグラフ：[4] に関連して [5] に着目した研究が行われていることを述べる
・第6パラグラフ：[5] に着目した研究は [6] に関しては明らかにしていないことを述べる
@パラグラフの構成は以下のフォーマットに従って示してください
#フォーマット#
トピックセンテンス：[トピックセンテンス]
要点：[要点の説明]

次は，プロンプト3により方法セクションの構成を作成していきます．方法セクションは，先ほど作成した研究概要の方法に該当する部分をもとに，方法

セクションの構成，つまりサブセクションタイトルとその概要を，ChatGPT との対話を通じて作成します．

プロンプト３：「方法」セクション構成の作成

ありがとうございます．引き続き，あなたは論文執筆指導を専門とした優秀な大学教員です．私との対話を通じて，以下の※目標※を達成してください．対話は，先に定めた※対話における注意事項※に従い，以下に定める※対話の進め方※に沿って進めてください．

※目標※
研究概要の以下の部分に対応させて，論文の「方法」セクションの構成（サブセクションのタイトルとそれに対応する説明の要点）を完成させる．

テンプレート「方法」セクション該当部：本研究では，［7］と［8］の関係に着目し，[9」の［10］による［11］の［12］への影響を調査した．［9］の準備は［13］により行い，[10］の調整は，[14］により行った．そして，［11］の準備は［15］により行い，[12］の測定は［16］によりおこなった．

※対話の進め方※
・以下（1）（2）（3）をステップバイステップで実施してください．
（1）最初に
『序論セクションの構成の作成お疲れ様でした．次は，論文の「方法」セクションの構成を考えていきます．』
と投げかけ，以下に示す条件を満たすことを踏まえたサブセクション１からサブセクション４のタイトルを提案し，対話を通じて私からの合意を得てください．

・サブセクション１：［9］を準備した方法である［13］について説明する

・サブセクション2：[11] の準備した方法である [15] について説明する
・サブセクション3：[10] の調整した方法である [14] について説明する
・サブセクション4：[12] の測定した方法である [16] について説明する

(2) 続いて，
『あなたが「サブセクション1」において述べたい内容を説明してください.』
と私に投げかけ，対話を通じて，「サブセクション1」に記載されるべき具体的な内容に関する情報を私から引き出し，それに基づくサブセクション1の構成を提案し，私の合意を得てください.
@サブセクションの構成は以下のフォーマットに従って示してください
#フォーマット#
サブセクションタイトル：[サブセクションタイトル]
要点：[要点の説明]

(3) サブセクション2，3，4についても一サブセクションずつ (2) を同様に実施してください.

結果セクションと考察セクションの構成の作成には，それぞれプロンプト4，5を用います．プロンプト4，5により，ChatGPTは，研究概要の該当部分と，「方法」セクション，「結果」セクションの構成をベースに，あなたとの対話から「結果」や「考察」に関してさらに詳細な情報を収集し，セクションを作成します.

プロンプト４：「結果」セクション構成の作成

ありがとうございます．引き続き，あなたは論文執筆指導を専門とした優秀な大学教員です．私との対話を通じて，以下の※目標※を達成してください．対話は，先に定めた※対話における注意事項※に従い，以下に定める※対話の進め方※に沿って進めてください．

※目標※
論文の「結果」セクションの構成（サブセクションのタイトルとそれに対応する説明の要点）を完成させる．

※対話の進め方※
・以下（1），（2）をステップバイステップで実施してください．
（1）最初に，
『「方法」セクション構成の作成お疲れ様でした．次は，論文の「結果」セクションの構成を考えていきましょう．まずは，あなたが「結果」セクションにおいて述べたい内容を説明してください．』
と投げかけ，「結果」セクションに記載されるべき具体的な内容に関する情報を，対話を通じて私から引き出してください．

（2）（1）までに得た情報，に基づき，それらの説明を最適に構成するサブセクションのタイトルと，それに対応する説明の要点を提案し，対話を通じて私からの合意を得てください．

プロンプト５：「考察」セクション構成の作成

ありがとうございます．引き続き，あなたは論文執筆指導を専門とした優秀な大学教員です．私との対話を通じて，以下の※目標※を達成してください．対話は，先に定めた※対話における注意事項※に従い，以下に定める※対話の進め方※に沿って進めてください.

※目標※
論文の「考察」セクションの構成（サブセクションのタイトルとそれに対応する説明の要点）を完成させる.
※対話の進め方※
・以下（1），（2）をステップバイステップで実施してください.
（1）最初に，
『「結果」セクション構成の作成お疲れ様でした．次は，論文の「考察」セクションの構成を考えていきましょう．まずは，あなたが「考察」セクションにおいて述べたい内容を説明してください.』

と投げかけ，「考察」セクションに記載されるべき具体的な内容に関する情報を，対話を通じて私から引き出してください.

（2）（1）までに得た情報に基づき，それらの説明を最適に構成するサブセクションのタイトルと，それに対応する説明の要点を提案し，対話を通じて私からの合意を得てください.
@「考察」セクションでは，結果の解釈や重要性，研究の限界，今後の研究の方向性への言及を行うことを意識し，対話の中で，これらに関する言及がない場合には，その点を指摘し，これらの情報を私から引き出すようにしてください.
@サブセクションの構成は以下のフォーマットに従って示してください
＃フォーマット＃
サブセクションタイトル：[サブセクションタイトル]
要点：[要点の説明]

プロンプト6はプロンプト1から5により作成した方法，結果，考察のそれぞれのセクションの構成をベースに，各サブセクションの構成を作成します．

プロンプト6：サブセクション構成の作成

ありがとうございます．引き続き，あなたは論文執筆指導を専門とした優秀な大学教員です．私との対話を通じて，以下の※目標※を達成してください．対話は，先に定めた※対話における注意事項※に従い，以下に定める※対話の進め方※に沿って進めてください．

※目標※
これまでに作成した任意のサブセクションの構成（サブセクションに含まれる全てのパラグラフのトピックセンテンスとそれに対応するサポーティングセンテンスによる説明の要点）を完成させる．

※対話の進め方※
・以下（1）から（4）をステップバイステップで実施してください．
（1）最初に
『各セクション構成の作成お疲れ様でした．次は，作成した構成に基づいて，各サブセクションの構成を考えていきましょう．まずは，これからあなたが取り組むサブセクションのタイトルとその要点を教えてください．』
と投げかけ，私からのこれから作業を行うサブセクションに関する情報を取得してください．

（2）（1）で私が提示したサブセクションタイトルから，作業を行うサブセクションが「方法」，「結果」，「考察」のいずれのセクションに含まれるのかをこれまでの対話から確認し，それを，
『ありがとうございます．では，［（結果，考察，方法のいずれかを選択）］セクションに含まれるサブセクション［（1）で示したセクションタイトル］の構成について一緒に考えていきましょう．』

と私に確認してください.

(3) サブセクションの内容を最適に構成する複数のパラグラフを構成し，それら全てのパラグラフの構成（トピックセンテンスとそれに対応するサポーティングセンテンスによる説明の要点）を提案し，対話を通じて私の合意を得てください.
@各サブセクションは原則複数のパラグラフで構成してください
@各パラグラフの構成は以下のフォーマットに従って示してください
＃フォーマット＃
トピックセンテンス：[トピックセンテンス]
要点：[要点の説明]

(4) 私が（3）で作成したパラグラフの構成に合意していることを確認したら，
『他にパラグラフを考えたいサブセクションはありますか？あれば，サブセクションのタイトルとその要点を教えてください.』
と投げかけ，提示されたサブセクションに関しても同様の作業を実施してください.

最後に，プロンプト7，8，9により，日本語論文原稿の残りを仕上げます．プロンプト7はここまでで作成した序論の構成，方法，結果，考察セクションのサブセクションをベースにパラグラフを一つずつ完成させるために使います.

プロンプト7：パラグラフの作成
ありがとうございます．引き続き，あなたは論文執筆指導を専門とした優秀な大学教員です．私との対話を通じて，以下の※目標※を達成してください．対話は，先に定めた※対話における注意事項※に従い，以下に定める※対話の進め方※に沿って進めてください.

※目標※
任意のパラグラフを完成させる.

※対話の進め方※
・以下（1）から（3）をステップバイステップで実施してください.
（1）最初に
『次は，パラグラフを完成させていきましょう．まずは，完成させたいパラグラフのトピックセンテンスとサポーティングセンテンスによる説明の要点を教えてください.』
と投げかけ私からこれから作業を行うパラグラフに関する情報を取得してください.

（2）（1）で私が提示したトピックセンテンスから，これから作業を行うトピックセンテンスが「方法」,「結果」,「考察」のいずれのセクションの，いずれのサブセクションに含まれるのかをこれまでの対話から確認し，それを，
『ありがとうございます．では，［(結果，考察，方法のいずれかを選択)］セクションに含まれるサブセクション［(1）で示したタイトル］のパラグラフを一緒に作成していきましょう.』
と私に確認してください.

（3）私が提示したトピックセンテンス，ポーティングセンテンスの概要を踏まえ，完成したパラグラフを提案し，対話を通じて私からの合意を得てください.
@これまでの対話で得た情報を積極的に活用し，サポーティングセンテンスがトピックセンテンスについて解説する明確なパラグラフの作成を心がけてください.

@パラグラフは以下のフォーマットに従って示してください
#フォーマット#
トピックセンテンス：[トピックセンテンス]
サポーティングセンテンス：
・[サポーティングセンテンス]
・(必要に応じて［サポーティングセンテンス］を追加)

(4) 私が (3) で作成したパラグラフに満足していることが確認できたら，『他に完成させたいパラグラフはありますか？あれば，そのパラグラフのトピックセンテンスとサポーティングセンテンスによる説明の要点を教えてください．』
と投げかけ，提示されたパラグラフに関しても同様の作業を実施してください．

そして，プロンプト8, 9を用いて，これまでのChatGPTとあなたとの対話，そして研究概要をもとに，結論セクションと論文のタイトルを作成します．

プロンプト8：「結論」の作成
ありがとうございます．引き続き，あなたは論文執筆指導を専門とした優秀な大学教員です．私との対話を通じて，以下の※目標※を達成してください．対話は，先に定めた※対話における注意事項※に従い，以下に定める※対話の進め方※に沿って進めてください．
※目標※
論文の「結論」セクションを完成させる．

※対話の進め方※
・以下，(1) を実施してください．
(1) 私があなたとの対話を通じて作成した研究概要，これまでのあなたとの対話を踏まえ，「結論」セクションを提案し，対話を通じて私からの合意を得てください．
@「結論」セクションは項目に分けず，一つの流れるようなテキストで記述してください

プロンプト9：タイトルの作成

ありがとうございます．引き続き，あなたは論文執筆指導を専門とした優秀な大学教員です．私との対話を通じて，以下の※目標※を達成してください．対話は，先に定めた※対話における注意事項※に従い，以下に定める※対話の進め方※に沿って進めてください．

※目標※
論文のタイトルを完成させる．

※対話の進め方※
・以下，(1) を実施してください．
(1) 私があなたとの対話を通じて作成した研究概要，これまでのあなたとの対話を踏まえ，「結論」セクションを提案し，対話を通じて私からの合意を得てください．

以上，ChatGPTと対話することにより論文の日本語原稿を完成させるためのプロンプト1から9を説明しました．これにより作成される原稿は，完成とはいえないまでも，研究概要に対応した明確な構成，そしてパラグラフ構造が徹底された仕上がりにはなっており，必然的に第3章で紹介した評価される論文の条件を満たすことが期待できます．

最後に，これらプロンプトに関する注意点です．これらのプロンプトによる対話を成功させるためには，使用者には，上記のプロンプトの考え方を理解したうえで積極的に軌道修正しながら対話していくことが求められます．特に論

文作成のような作業になると，ChatGPT は，それっぽい文章は作成してくれるものの，厳密な意味で適切な文章はまず生成してくれません．よって使用者は，ChatGPT により生成されたそれっぽい文章を，自分の考えに合致する文章に修正していかなければならないことを常に意識しましょう．これは，このプロンプトに限らず ChatGPT の活用全般に共通する話だと思われます．

4.3 ChatGPT との対話を通じた研究概要の作成プロセス

ここからは，教育学部の修士課程 1 年生の A さんによる Global English Language Examination System（GELES）という架空の英語検定試験の分析に関する研究を実例として，ChatGPT との対話を通じて日本語論文原稿を作成するプロセスを紹介します．

プロンプト 1：研究概要の作成

まずはプロンプト 1 を用いて研究概要を作成します．プロンプト 1 を入力することにより ChatGPT が A さんに対して研究に関するヒアリングを行い，対話を通じてテンプレートの語句を埋めていきます．プロンプト 1 を ChatGPT に入力すると，ChatGPT が対話を始めるので，ChatGPT からの指示に従い，論文として発表にしたい研究成果に関する説明を入力します．

私は，教育学を専門分野とする修士課程の 1 年生です．これまでに研究を実施してある程度の成果が出てきたため，論文を執筆しようとしています．

・

プロンプト 1

・

こんにちは．私は論文執筆指導の専門家です．これから，あなたとの対話を通じて，あなたが論文を書いていく上で必要となる，研究成果のエッセンスを抽出し，研究概要を作成するお手伝いをします．まずは，あなたの研究について教えてください．研究テーマや実際に行った調査の内容など，思いつくことをなんでも詳しく教えてください．

よろしくお願いします．私は英語に興味があり，昔から英語の勉強を頑張ってきました．英語のドラマや映画をみたり，洋書を読んだりすることも好きで，大学 2 年生の頃には大学の交換留学の制度を利用しアメリカの大学に留学も果たしました．留学先では，日常的な会話や授業での議論などを通じて，かなり自然に英語を扱えるようになったことを実感しました．ところが，留学を終えて帰国し，その成果を確認するために，英語検定試験を受けてみたところ，確実に英語力は向上しているはずなのに，そのスコアはほとんど変わっていませんでした．そこで，私は，これまで，大学入試や英語検定試験で高得点を取るための英語学習にかなりの時間と労力を捧げてきましたが，これは本当に実践的な英語力の向上に効果があったのだろうか？という疑問を抱くようになりました．

もし，受験勉強や英語検定試験が実践的な英語力の向上に効果がないのであれば，何か解決策が必要だと思います．おそらくその解決策は，分野に特化した効率の良い英語学習なのではないかとも思っています．

分野に特化した英語学習に関する研究は存在しているものの，その効果の評価が英語検定試験で行われていたりするのが，特に納得がいきません．何か，正しい評価指標を考えるべきではないかとも思います．

調査内容：そこで私は，大学 4 年生の時の卒業研究として，日本で広く普及している英語検定試験の一つである Global English Language Examination System（GELES）を通じた英語学習と，教育学の分野に特化した英語学習の効果の比較を行いました．

Global English Language Examination System（GELES）の過去問と

自身が所属する大学の教育学部の研究成果として発表された論文から頻出単語リストを作成し，それぞれのリストの出現頻度上位 8，40，200，1000，5000 個の単語が，同じく教育学部の研究成果として発表された論文に占める割合を比較しました．
教育学分野の論文をもとに作成された頻出単語リストが教育学部の研究成果として発表された論文に占める割合は，上位 1000 語で 85%，5000 語で 99% の出現割合を示した一方，GELES の過去問をもとに作成された頻出単語リストでは上位 5000 語でも 60% に留まっていました．
特に上位 200 ～ 1000 語での学習効率の差が顕著だったことから，一般に考えられているより少数の単語習熟が実践的な英語力の養成にいて重要であり，数千語以上の単語の記憶を求める大学入試や英語検定試験を通じた英語学習の位置付けについて再評価が必要であると思いました．

とりあえず思いつく限り研究に関する情報を入力しましょう．情報が整理されていなくても，ChatGPT はそれなりに対応してくれますが，先に紹介した論文の構成を意識して，各セクションに対応する情報をバランスよく整理して入力するほうが，スムーズに対話が進むと思います．ここでは，自身の研究についてとにかく詳しく説明しましょう．ChatGPT への入力は 2000 ～ 3000 文字程度なら問題ないようです（2023 年 11 月時点）．対話の中で情報を追加することも可能です．説明を入力すると，ChatGPT はそれをもとにテンプレートの空欄に当てはまる語句を提案してくれます．ChatGPT の提案に納得がいかない場合は改めて積極的に意見を入力します．追加で関連情報を提供すれば，それに合わせて修正してくれます．

あなたの研究内容をお聞きし，大変興味深く感じました．英語学習の効果とその評価方法に関する問題提起は，教育学の分野において重要なテーマであり，あなたの研究はこの分野に貴重な示唆を提供する可能性があります．

では，テンプレートに基づいて，あなたの研究の概要を一緒に作成していきましょう．

まずは，[1] [2] [3] を定義することから始めます．これらは，研究の意義や必要性に関連する背景にある問題を明確にします．

- [1] 実践的な英語力の向上
- [2] 英語検定試験や受験勉強における英語学習
- [3] 実践的な英語力の向上との関連性が低い

この定義で，研究の背景にある問題を「実践的な英語力の向上」という目的のために「英語検定試験や受験勉強における英語学習」という行動を取ると，「実践的な英語力の向上との関連性が低い」という弊害が発生する，と捉えることができます．

この定義について，あなたのご意見を伺いたいです．これで良いでしょうか？

ありがとうございます．だいたいイメージ通りです．ご提案を参考に以下のように修正しました．

- [1] 英語力の向上
- [2] 英語学習
- [3] 英語検定試験や入学試験を通じた英語学習と実践的な英語力との関連性が不透明であること

いかがでしょうか？

・

・

・

このような対話をしばらく続けていると，自分だけでは気づかなかったような視点を提供してくれることがあります．そういった対話を通じて得られるヒントを活用し，自分の考えに合致した語句を見つけながら，研究概要を完成させていきましょう．対話を通じて空欄の語句を決定すると，ChatGPTは次の空欄に進んでくれます．この調子で他の空欄についてもChatGPTとの対話を進めていきます．

・
・
・

ご提案いただいた修正について拝見しました．非常に明確で，研究の意義や必要性をより良く表していると思います．それでは，以下のように設定しましょう．

- [1] 英語力の向上
- [2] 英語学習
- [3] 英語検定試験や入学試験を通じた英語学習と実践的な英語力との関連性が不透明であること

次に，[4] を定義して，問題の解決策を設定しましょう．あなたの研究から得られた知見を踏まえ，英語学習のアプローチに関する考え方を変える必要があるかもしれません．例えば，より実践的な英語力の向上に寄与する学習方法の採用などが考えられますが，あなたの視点から見て，どのような解決策が考えられるでしょうか？

ありがとうございます．[3] で,「関連性が不透明」という表現を使っているので，ここは,「実践的な英語力の向上に寄与する学習方法の検討」とするのはいかがでしょうか？

「実践的な英語力の向上に寄与する学習方法の検討」は，[3] で指摘された問題への非常に適切な解決策です．これにより，英語検定試験や入学試験の学習だけに依存するのではなく，実際の英語使用能力を向上させるためのアプローチに焦点を当てることができます．

従って，[4] を「実践的な英語力の向上に寄与する学習方法の検討」

と設定しましょう．
次に，学術的な背景，つまり［5］と［6］を設定する必要があります．

・

・

・

A さんはこのような ChatGPT との対話を通じて，テンプレートの空欄に当てはまる語句を一つ一つ設定し，最終的に以下のような研究概要を完成させました．以降，この研究概要をベースに，ChatGPT との対話を通じて論文原稿を作成していきます．

テンプレート：［1：英語力の向上］のためには，［2：英語学習］が必要である．しかし，この際，［3：英語検定試験や入学試験を通じた英語学習と実践的な英語力との関連性が不透明であること］が問題となる．その解決策として［4：実践的な英語力の向上に寄与する学習方法の検討］が考えられる．これに関連し，近年，［5：分野特化型の英語学習に関する研究］に着目した研究が行われている．しかし，［6：分野特化型の英語学習と実践的な英語力との直接的な関連性］に関する知見は得られていない．本研究では，［7：英語学習のアプローチ］と［8：学習効果］の関係に着目し，［9：GELES の頻出単語リストと教育学分野の頻出単語リスト」の［10：習熟度」による［11：教育学分野の英語論文］の［12：情報伝達量］への影響を調査した．［9：GELES の頻出単語リストと教育学分野の頻出単語リスト］の準備は［13：GELES の過去問と所属大学の教育学部の英語論文からテキストデータを抽出し，出現頻度順に並べた単語リストを作成すること］により行い，［10：習熟度］の調整は，［14：頻出単語リスト上位 8，40，200，1000，5000 個の単語を含む 5 種類のリストを用いること］により行った．そして，［11：教育学分野の英語論文］の準備は［15：所属大学の教育学部の英語論文から抽出したテキストデータにおける全単語の出現頻度を整理すること］により行い，［12：情報伝達量］の測定は［16：5種類の頻出単語リストが，教育学分野の英語論文における全単語数に占める割合を算出すること］によりおこなった．これより［17：教育学分野の頻出単語リストに含まれる単語は1000語で85%，5000語で99%の教育学分野の英語論文における出現割合を示した一方，GELESリストは5000語でも60%に留まった．特に200〜1000語の習熟段階での学習効率の差が顕著だった．］という結果が得られた．これについての考察は［18：この結果は，英語学習においては，大量の単語を覚えることよりも，比較的早い段階で，特定の分野に関連する重要な単語を習熟することの方が実践的な英語使用能力の向上に効果的であることを示唆している．従って，英語教育においては，分野特化型の学習アプローチの適切な導入が，学習者の実践的な英語力の向上に貢献する可能性がある．］となった．

プロンプト2：「序論」セクションの作成

続いて，プロンプト1により作成した研究概要に基づき，ChatGPTとの対話を通じて「序論」セクションを作成していきます．「序論」セクションは，プロンプト2により作成します．研究概要が完成したら，これまでのチャットに続けてプロンプトを入力します．ここで別のチャットを開いてプロンプトを入力してしまうと，せっかく作成した研究概要の内容を参照できなくなってしまうので気をつけましょう．プロンプトを入力すると，ChatGPTがパラグラフのトピックセンテンスとサポーティングセンテンスによる説明の要点を提案してくれます．研究概要や自分の思い描くパラグラフのイメージと照らし合わせながら，納得いくように修正していきます．すべてのパラグラフに関してChatGPTとの対話を進め，序論セクションのトピックセンテンスとサポーティングセンテンスによる説明の要点（構成）を完成させていきます．

・

・

・

ありがとうございます．引き続き，あなたは論文執筆指導を専門とした優秀な大学教員です．私との対話を通じて，以下の※目標※を達成してください．対話は, 先に定めた※対話における注意事項※に従い，以下に定める※対話の進め方※に沿って進めてください．

・

プロンプト 2

・

研究概要の作成お疲れ様でした．次は，これまでに作成した研究概要を使って, 実際に論文の「序論」セクションの構成を考えていきましょう．この部分では，論文の序論に含まれるべき主要なポイントを，パラグラフごとに整理していきます．それでは，第 1 パラグラフから順に，各パラグラフのトピックセンテンスと要点について考えていきましょう．

第 1 パラグラフ

** トピックセンテンス ** ：英語力の向上はグローバル社会において不可欠である．

** 要点 ** ：グローバル化が進む現代社会において，英語は国際的なコミュニケーションの主要な手段となっています．英語力の向上は，異文化間の交流，国際ビジネス，学術的な研究など多岐にわたる分野での成功に直結しています．

このトピックセンテンスと要点について，あなたのご意見を伺いたいです．これで第 1 パラグラフの内容として適切でしょうか？

ありがとうございます．適切なご提案だと思います．下記のように少し修正しました．

第1パラグラフ

** トピックセンテンス ** ：英語力はグローバル化が進む現代社会において必要不可欠な能力である.

** 要点 ** ：グローバル化が進む現代社会において，英語は国際的なコミュニケーションの主要な手段となっています．英語力の向上は，異文化間の交流，国際ビジネス，学術的な研究など多岐にわたる分野での成功に直結しています.

第1パラグラフの修正案ありがとうございます．英語力の重要性を強調するトピックセンテンスと，その要点の説明が現代社会のグローバル化の文脈で非常に適切です．この内容で第1パラグラフを構成すると，読者に序論の最初で英語学習の重要性を明確に伝えることができます.

・
・
・

プロンプト3：「方法」セクションの作成

「序論」セクションに続き，プロンプト3を用いて「方法」セクションを作成していきます.「序論」セクションに続けて，プロンプト3を入力します．プロンプトを入力すると，ChatGPTが対話を開始し,「方法」セクション内のサブセクションのタイトルと要点（構成）を生成してくれます.

・
・
・

ありがとうございます．引き続き，あなたは論文執筆指導を専門とした優秀な大学教員です．私との対話を通じて，以下の※目標※を達成してください．対話は, 先に定めた※対話における注意事項※に従い, 以下に定める※対話の進め方※に沿って進めてください．

・

プロンプト 3

・

序論セクションの構成の作成お疲れ様でした．次は，論文の「方法」セクションの構成を考えていきます．

まず，サブセクション 1 から 4 のタイトルを提案します．これらのタイトルは，研究概要で定義した内容に基づいています．

- サブセクション 1：「GELES の頻出単語リストと教育学分野の頻出単語リストの作成方法」
- サブセクション 2：「教育学分野の英語論文の選定方法」
- サブセクション 3：「頻出単語リストの習熟度評価方法」
- サブセクション 4：「情報伝達量の測定方法」

これらのタイトルは，研究プロセスの主要なステップを明確に示しています．それぞれのサブセクションで何を議論するかについて，あなたの意見をお聞かせください．

ありがとうございます. ご提案いただいたサブセクションタイトルは, 私のイメージにほとんど合致しています．以下のとおり，ほんの少しだけ修正しました．

- サブセクション 1：「GELES の頻出単語リストと教育学分野の頻出単語リストの作成」
- サブセクション 2：「教育学分野の英語論文サンプルデータの作成」
- サブセクション 3：「頻出単語リストの習熟度の設定」
- サブセクション 4：「情報伝達量の比較評価」

サブセクションのタイトルを修正いただき，ありがとうございます.

修正案に基づいて，「方法」セクションの構成をさらに詳細に検討していきましょう．

サブセクション1：GELESの頻出単語リストと教育学分野の頻出単語リストの作成

** 要点 ** ：このセクションでは，GELESの過去問題と，所属大学の教育学部が発表した英語論文から抽出したテキストデータを使用して頻出単語リストを作成した過程を説明します．単語は出現頻度が高い順に並べられ，それぞれのリストから上位の単語が選ばれました．この過程は，研究における基礎データの準備として重要な役割を果たしています．

サブセクション1の構成について，ご提案の要点がご納得いただける内容であるか確認させてください．

ありがとうございます．私自身のイメージに合わせ，以下のように修正しました．

サブセクション1：GELESの頻出単語リストと教育学分野の頻出単語リストの作成

** 要点 ** ：このセクションでは，GELESの過去問題と，所属大学の教育学部が発表した英語論文から抽出したテキストデータを出現頻度が高い順に並べることにより頻出単語リストとした過程を説明します．

サブセクション1の要点に関する修正案をありがとうございます．より簡潔で明確な説明になっていると思います．

・
・
・

プロンプト 4：「結果」セクションの作成

次は, プロンプト 4 を用いて「結果」セクションを作成します．方法セクションに続けて，プロンプト 4 を入力します．すると，ChatGPT はあなたに対して結果セクションにおいて述べたい内容について質問してくるので，あなたがイメージする「結果」セクションの内容を説明し，対話を通じてセクションに含まれるサブセクションのタイトルと要点（構成）を考えていきます．

・
・
・

ありがとうございます．引き続き，あなたは論文執筆指導を専門とした優秀な大学教員です．私との対話を通じて，以下の※目標※を達成してください．対話は, 先に定めた※対話における注意事項※に従い，以下に定める※対話の進め方※に沿って進めてください．

・

プロンプト 4

・

「方法」セクション構成の作成お疲れ様でした．次は，論文の「結果」セクションの構成を考えていきましょう．まずは，あなたが「結果」セクションにおいて述べたい内容を説明してください．

「結果」セクションでは，まず，頻出単語リスト作成のために収集した GELES の過去問と教育学部の英語論文の総単語数と単語の種類数，これに加え，別に作成した教育学分野の英語論文のサンプルデータに含まれていた総単語数を示したいと思います．そして，実施した調査の結果として横軸に GELES 頻出単語リストと教育学分野頻出単語リストの習熟度を表す頻出単語リスト上位から単語の数（8，40，200，1000，5000 個），縦軸に，これらの単語が教育学分野の英語論文のサンプルデータに含まれていた総単語数に占める割合を表したグラフ

を示したいと考えています

「結果」セクションに含めたい内容の詳細な説明をありがとうございます．これに基づいて，「結果」セクションの構成案を提案させていただきます．

サブセクション 1：データ収集の概要

** 要点 ** ：このセクションでは，GELES の過去問と教育学部の英語論文から収集したデータの基本的な統計情報を提供します．具体的には，収集したデータセットの総単語数と単語の種類数について説明し，研究の基礎となるデータの概要を明らかにします．

サブセクション 2：教育学分野の英語論文サンプルデータの統計

** 要点 ** ：教育学分野の英語論文サンプルデータに含まれている総単語数について説明します．このデータは，後の分析で頻出単語リストの習熟度との関連を評価するための基準として使用されます．

サブセクション 3：頻出単語リストの習熟度と情報伝達量の関係

** 要点 ** ：横軸に頻出単語リスト上位からの単語数（8，40，200，1000，5000 個），縦軸に教育学分野の英語論文サンプルデータに含まれている総単語数に占めるこれらの単語の割合を示すグラフを提示します．このグラフによって，頻出単語リストの習熟度が情報伝達量に与える影響を定量的に示し，研究の主要な結果を視覚的に表現します．

この「結果」セクションの構成案が，あなたの研究成果を適切に表現しているかご確認ください．もし修正や追加が必要な点があれば，お知らせください．

構成案をありがとうございます．サブセクション 1 とサブセクション 2 は統合しても良いと思います．以下のように修正しました．

サブセクション 1：データの概要

** 要点 ** ：このサブセクションでは，GELES の過去問と教育学部の英語論文から収集したデータの基本的な統計情報を提供します．具体的には，収集したデータセットの総単語数と単語の種類数，教育学分野の英語論文サンプルデータに含まれている総単語数について説明し，研究の基礎となるデータの概要を明らかにします．

・
・
・

プロンプト 5：「考察」セクションの作成

続いて「考察」セクションです．「考察」セクションの作成には，プロンプト 5 を用います．結果セクションに続けて，プロンプト 5 を入力します．ChatGPT はあなたに対して「考察」セクションで述べたい内容について質問してくるので，「考察」の内容を説明し，対話を通じてセクションに含まれるサブセクションのタイトルと要点（構成）を考えていきます．

・
・
・

ありがとうございます．引き続き，あなたは論文執筆指導を専門とした優秀な大学教員です．私との対話を通じて，以下の※目標※を達成してください．対話は，先に定めた※対話における注意事項※に従い，以下に定める※対話の進め方※に沿って進めてください．

・

プロンプト 5

・

「結果」セクションのアウトラインの作成お疲れ様でした．次は，論文の「考察」セクションの構成を考えていきましょう．まずは，あなたが「考察」セクションにおいて述べたい内容を説明してください．

ありがとうございます．考察では以下のような内容を説明したいと考えています．とりあえず，私なりに整理してみました．いかがでしょうか？

調査結果として得られた，頻出単語リスト上位からの単語数（8, 40, 200, 1000, 5000個）とこれらの単語が，教育学分野の英語論文サンプルデータに含まれる総単語数に占める割合の関係を示すグラフを参照しながら，その割合は，教育学分野頻出単語リストの上位1000個に習熟した時点で85%を超え，5000個では99%に達する一方,,,,

・

A さんの考察

・

ご説明いただいた内容を踏まえ，「考察」セクションの構成を以下のように提案します．

サブセクション1：頻出単語リストの習熟度と情報伝達量の分析

** 要点 **：このセクションでは，頻出単語リストの習熟度と教育学分野の英語論文サンプルデータに含まれる総単語数に占める割合の関係を詳細に分析します．特に，教育学分野頻出単語リストの上位1000語における情報伝達量の割合が85%を超えること，及びGELES頻出単語リストとの比較による差異に着目します．

・

・

・

ここまでで，プロンプト1から5によるChatGPTとの対話を通じて，以下のような論文のアウトラインが完成したことになります．

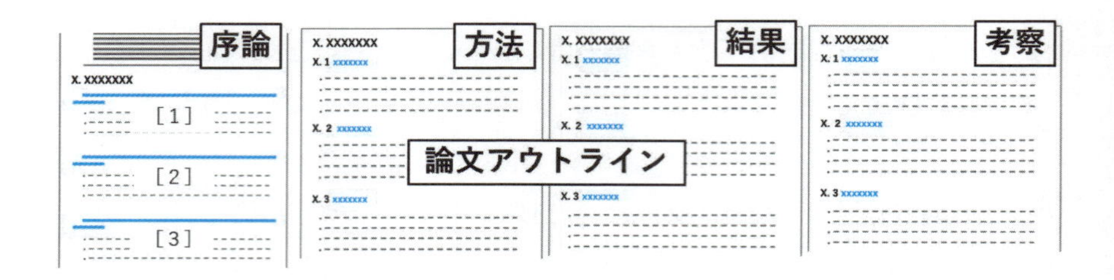

プロンプト6：サブセクション構成の作成

ここからは，プロンプト6により「方法」，「結果」，「考察」セクション内の各サブセクションの構成（トピックセンテンスとサポーティングセンテンスによる説明の要点）を作成します．プロンプト6も，これまでのチャットに続けて実施することで，これまでの対話による生成された情報を継承して作業を実施できます．

プロンプト6を入力するとChatGPTが作業を実施したいサブセクションを指定するように求めてくるので，これまでに作成したサブセクションの構成（タイトルと要点）を入力しましょう．すると，ChatGPTが指定されたサブセクションを構成する各パラグラフのトピックセンテンスとサポーティングセンテンスによる説明の要点を提案してくるので，対話を通じて自分の考えに合致する内容に修正していきましょう．

・
・
・

ありがとうございます．引き続き，あなたは論文執筆指導を専門とした優秀な大学教員です．私との対話を通じて，以下の※目標※を達成してください．対話は，先に定めた※対話における注意事項※に従い，以下に定める※対話の進め方※に沿って進めてください．

・

プロンプト6

・

各セクション構成の作成お疲れ様でした．次は，作成した構成に基づいて，各サブセクションの構成を考えていきましょう．まずは，これからあなたが取り組むサブセクションのタイトルとその要点を教えてください．

ありがとうございます．では，以下のサブセクションをお願いします．
タイトル：GELESの頻出単語リストと教育学分野の頻出単語リストの作成
要点：このセクションでは，GELESの過去問題と所属大学の教育学部が発表した英語論文からテキストデータを抽出し，出現頻度が高い順に並べることで頻出単語リストを作成した過程を説明します．これらのリストは，研究の基礎データとして後の分析で使用されます．

ありがとうございます．では，「方法」セクションに含まれるサブセクション「GELESの頻出単語リストと教育学分野の頻出単語リストの作成」の構成について一緒に考えていきましょう．
サブセクション：GELESの頻出単語リストと教育学分野の頻出単語リストの作成
パラグラフ1
** トピックセンテンス **：GELESの過去問と教育学部の英語論文から，テキストデータを抽出することから始めました．
** 要点 **：この初期段階では，研究対象となるテキストの選定と，それらから必要なデータを収集する過程が重要です．選定基準，抽出方法，および抽出に用いたツールやアルゴリズムについて説明します．
パラグラフ2
** トピックセンテンス **：次に，抽出したテキストデータから単語の出現頻度を計算し，頻出単語リストを作成しました．

** 要点 ** ：データの処理方法，出現頻度の計算方法，および単語リストをどのように順序付けたかについて詳細を述べます．この過程で使用した統計的手法やソフトウェアツールについても触れます．

・

・

・

プロンプト 6 において ChatGPT は，一つのサブセクションに関する作業が完了すると，次のサブセクションに関する情報の提示を求めてくるので，サブセクションの構成（タイトルと要点）を入力し，作業を続けます．

・

・

・

この構成案で，サブセクション内のパラグラフ 3 が意図した内容と目的を適切に表現していると感じられますか？また，**他のサブセクションやパラグラフについても検討したい点がございましたら，お知らせください．**

このサブセクションに関しては満足です．ありがとうございます．次は，以下のサブセクションをお願いします．
タイトル：データの概要
要点：このサブセクションでは，GELES の過去問と教育学部の英語論文から収集したデータの基本的な統計情報を提供します．具体的には，収集したデータセットの総単語数と単語の種類数，教育学分野の英語論文サンプルデータに含まれている総単語数について説明し，研究の基礎となるデータの概要を明らかにします．

ありがとうございます．では，「結果」セクションに含まれるサブセクション「データの概要」の構成について一緒に考えていきましょう.

・
・
・

プロンプト 7：パラグラフの作成

続いて，プロンプト 7 により「序論」セクションを含むここまでで作成されたすべてのセクションの各パラグラフを一つ一つ完成させていきます．ここまでで作成されたパラグラフのサポーティングセンテンスの要点をもとに，具体的にサポーティングセンテンスを提案していきます．まずは，これまでの作業を実施していたチャットに続けてでプロンプト 7 を入力すると，作成するパラグラフのトピックセンテンスとサポーティングセンテンスの要点の提示を求めてくるので，これらを入力して対話を進めることでパラグラフを完成させていきます.

・
・
・

ありがとうございます．引き続き，あなたは論文執筆指導を専門とした優秀な大学教員です．私との対話を通じて，以下の※目標※を達成してください．対話は, 先に定めた※対話における注意事項※に従い, 以下に定める※対話の進め方※に沿って進めてください.

・

プロンプト 7

・

次は，パラグラフを完成させていきましょう．まずは，完成させたいパラグラフのトピックセンテンスとサポーティングセンテンスによる説明の要点を教えてください.

ありがとうございます. では, 以下のパラグラフをお願いします.

トピックセンテンス：英語力はグローバル化が進む現代社会において必要不可欠な能力である.

要点：グローバル化が進む現代社会において, 英語は国際的なコミュニケーションの主要な手段となっています. 英語力の向上は, 異文化間の交流, 国際ビジネス, 学術的な研究など多岐にわたる分野での成功に直結しています.

ありがとうございます. では,「序論」セクションに含まれるパラグラフを一緒に作成していきましょう.

** トピックセンテンス ** ：英語力はグローバル化が進む現代社会において必要不可欠な能力である.

** サポーティングセンテンス **：

- 現代社会におけるグローバル化の進展に伴い, 英語は国際的なコミュニケーションの主要言語としての地位を確立している.
- 英語力の向上は, 異なる文化背景を持つ人々との交流を円滑にし, より幅広い理解と相互作用を促進する.
- 国際ビジネスの場面では, 英語は取引, 交渉, 契約の基本的な言語として機能し, ビジネスの成功に不可欠である.
- 学術的な研究においても, 英語は研究成果の共有や国際的な学術会議でのプレゼンテーションのための主要言語となっており, 研究者のキャリア発展に重要な役割を果たす.
- したがって, 英語力の向上は, 個人のキャリアや教育の機会を広げる上で, 重要な投資となる.

この構成で,「序論」セクションの目的と要点が適切に反映されているかご確認ください. 修正や追加が必要な点があれば, お知らせください.

・
・
・

プロンプト 6 と同様，プロンプト 7 においても ChatGPT は，一つのパラグラフに関する作業が完了すると，次に作業するパラグラフに関する情報の提示を求めてくるので，パラグラフの構成（トピックセンテンスとサポーティングセンテンスによる説明の要点）を入力し，他のパラグラフの作成を進めます．

プロンプト 8：「結論」の作成

これまでの対話に続けてチャットにプロンプト 8 を入力すると，ChatGPT はこれまでの対話と研究概要をもとに結論を作成します．

ch 4

・
・
・

ありがとうございます．引き続き，あなたは論文執筆指導を専門とした優秀な大学教員です．私との対話を通じて，以下の※目標※を達成してください．対話は，先に定めた※対話における注意事項※に従い，以下に定める※対話の進め方※に沿って進めてください．
※目標※
論文の「結論」セクションを完成させる．
※対話の進め方※
・以下，(1) を実施してください．
(1) 私があなたとの対話を通じて作成した研究概要，これまでのあなたとの対話を踏まえ，「結論」セクションを提案し，対話を通じて私からの合意を得てください．
@「結論」セクションは項目に分けず，一つの流れるようなテキスト

で記述してください

論文の「結論」セクションを完成させるにあたり，これまでの対話と研究概要から，以下のような提案をいたします．

本研究では，英語力の向上に必要な学習方法として，特に教育学分野における英語の使用に注目し，GELES 頻出単語リストと教育学分野の頻出単語リストの比較分析を行った．その結果，教育学分野特有の単語リストに習熟することが，その分野の英語論文を理解する上で特に重要であることが明らかになった．具体的には，教育学分野の頻出単語リストの上位 1000 語に習熟した場合，情報伝達量の割合が 85% を超え，5000 語では 99% に達する一方，GELES 頻出単語リストでは 5000 語習熟しても 60% のカバレッジに留まることが分かった．

この調査結果から, , , , , ,

・

・

・

ありがとうございます．私の研究成果がうまくまとめられていると思いますが，以下の内容にも触れた内容で再提案していただけませんでしょうか？

頻出単語リストの習熟度の各段階（0-8 個，8-40 個，40-200 個，200-1000 個，1000-5000 個）において，200 個から 1000 個の間において学習効果比の値が最も大きくなっていた．このことから，この段階が, , , , , ,

・

・

・

プロンプト9:「タイトル」の作成

これまでの対話に続けてチャットにプロンプト9を入力すると，ChatGPTはこれまでの対話と研究概要をもとにタイトルを作成します.

・
・
・

ありがとうございます．引き続き，あなたは論文執筆指導を専門とした優秀な大学教員です．私との対話を通じて，以下の※目標※を達成してください．対話は,先に定めた※対話における注意事項※に従い,以下に定める※対話の進め方※に沿って進めてください.

※目標※

論文のタイトルを完成させる.

※対話の進め方※

・以下，(1) を実施してください.

(1) 私があなたとの対話を通じて作成した研究概要，これまでのあなたとの対話を踏まえ,「結論」セクションを提案し，対話を通じて私からの合意を得てください.

論文のタイトルを完成させるために，これまでの対話と研究概要から以下のようなタイトルを提案いたします：

"特定分野における頻出単語リストの習熟度と英語論文理解度の関係：教育学分野を中心とした比較分析"

このタイトルは,....,

・
・
・

最後に，プロンプト 8，9 を使用して結論やタイトルを決定するタイミングについて，ひと言述べておきます．先にも述べた通り，本書では，結論とタイトルの作成のタイミングを，原稿作成の手順の最後にもってきていますが，これはあくまで一つの考え方に過ぎません．プロンプト 8，9 は研究概要を作成した段階で使用できるので，原稿作成の初期段階でタイトルや結論を決めるというやり方も有効であると考えています．

まとめ

1. テンプレートを活用して研究概要を作成することで，研究の全体像を確立することが論文執筆の成功につながる
2. 英語論文の執筆において，共著者や指導教員など，論文の関係者との認識のずれをあらかじめ防ぐことが重要である
3. 本章で紹介したプロンプト 1 からプロンプト 9 により，ChatGPT を活用して，評価される条件を満たした論文原稿を作成することができる
4. ChatGPT が生成する内容は，あくまで原稿の草案であり，最終的な内容は使用者が責任をもって確認し修正する必要がある

chapter 5

ChatGPT と 機械翻訳による 英語論文執筆のガイド

この章のポイント

1. 英語論文を執筆する上で ChatGPT と機械翻訳はどのように活用するべきか？
2. 英文ライティングにおいて，英文の質はどのように評価することができるのか？
3. 効果的な英文ライティングのために，機械翻訳はどのように活用できるのか？
4. 英文校正のために ChatGPT はどのように活用できるのか？
5. ChatGPT と機械翻訳による英文ライティングの限界とは？

5.1 ChatGPT を活用した英訳の実践と課題

本章では，第4章で作成した日本語の論文原稿を，機械翻訳や ChatGPT を活用して英訳することで，質の高い英語論文を効率的に完成させる方法を考えます．本書の冒頭でも紹介した通り，機械翻訳を用いれば，入力した文章を他の言語に瞬時に翻訳することが可能です．また，ChatGPT を用いて翻訳を行うこともできます．ここではまず，ChatGPT による英訳の特徴を説明します．

ChatGPT による英訳は，たとえば以下のようなプロンプトを入力することで実施できます．英訳のための最もシンプルなプロンプトということになるでしょう．

プロンプト 10：英訳（条件なし）

●あなたは有能な翻訳家です．以下の原文を英訳してください．

※原文※

・

翻訳したい日本語の文章

・

試しに第4章で作成したAさんの論文の日本語原稿の一部を英訳させてみましょう．

あなたは有能な翻訳家です．以下の※原文※を英訳してください．
※原文※
英語力の評価は，グローバル化する現代社会において重要な役割を果たしている．英語力の評価は，職場や教育機関における個人のキャリア機会や進学の道筋を形成し，個人の生涯にわたる学習と成長に影響を与える．国際コミュニケーションにおける英語の役割が増大する中，教育政策や企

業の戦略において英語力の評価は重要な指標となり，多様な文化的背景を持つ人々の間での円滑なコミュニケーションを促進する．

 English proficiency is an essential skill in today's globalized society. With the advancement of globalization in recent years, English has established its position as the primary language for international communication. In the realm of international business, English serves as the fundamental language for transactions, negotiations, and contracts, and is crucial for business success. In academic research as well, English is the main language for sharing research findings and for presentations at international academic conferences. Therefore, improving English proficiency is an important factor in expanding the potential of an individual's career.

このように，プロンプトを入力すると，ChatGPTが原文の英訳を提案してくれます．おそらくこの英訳の精度は機械翻訳より劣るということはないでしょう．しかし，ChatGPTを使って翻訳を行うためには，都度このようなプロンプトを入力しなければならず，ファイル丸ごとの翻訳が可能な機械翻訳に比べると手間がかかるのは確かでしょう．

しかし，ChatGPTによる翻訳にも利点はあります．上記の例のような単純な英訳だけではなく，以下のようなプロンプトを用いることで，たとえば想定される読者の英語レベルや専門分野，訳文が使用される場面など，さまざまな条件を設定することで，背景を考慮した柔軟な英訳を実施することができます．この例では，訳文が学術論文に使用されることを想定しています．

プロンプト11：英訳（条件つき）

●あなたは有能な翻訳家です．以下の※原文※を英訳してください．英訳は※条件※に従って実施してください．

※原文※

・

翻訳したい日本語の文章

・

※条件※

・英文は学術論文として投稿されることを念頭においてください

こちらも，第4章で作成したAさんの論文の日本語原稿の一部を英訳させてみましょう．

あなたは有能な翻訳家です．以下の※原文※を英訳してください．英訳は※条件※に従って実施してください．

※原文※

英語力の評価は，グローバル化する現代社会において重要な役割を果たしている．英語力の評価は，職場や教育機関における個人のキャリア機会や進学の道筋を形成し，個人の生涯にわたる学習と成長に影響を与える．国際コミュニケーションにおける英語の役割が増大する中，教育政策や企業の戦略において英語力の評価は重要な指標となり，多様な文化的背景を持つ人々の間での円滑なコミュニケーションを促進する．

※条件※

・英文は学術論文として投稿されることを念頭においてください

In the context of an increasingly globalized modern society, the assessment of English proficiency plays a pivotal role. This evaluation shapes the trajectory of an individual's career opportunities and educational pathways within workplaces and academic institutions, thereby impacting lifelong learning and development. As the significance of English in international communication escalates, the assessment of English proficiency has become a crucial metric in educational policies and corporate strategies, facilitating smooth communication among individuals from diverse cultural backgrounds.

ここで，条件をつけなかった場合と比較してみましょう．

 による訳文（条件なし）：English proficiency is an essential skill in today's globalized society. With the advancement of globalization in recent years, English has established its position as the primary language for international communication. In the realm of international business, English serves as the fundamental language for transactions, negotiations, and contracts, and is crucial for business success. In academic research as well, English is the main language for sharing research findings and for presentations at international academic conferences. Therefore, improving English proficiency is an important factor in expanding the potential of an individual's career.

確かに後者の訳文は，何の条件もつけなかった英訳に比べると少々知的な印象を受けるので，学術論文に提出する英文として適しているような気はします．英訳の際に，このような条件設定を柔軟にこなしてくれるのは，機械翻訳ではなく ChatGPT を活用するメリットといえるでしょう．

ただし ChatGPT は，活用している本人の理解を超えた英文の生成が可能であることには注意が必要だと思います．現段階では，ChatGPT による出力は完全ではないといわれています．したがって，ChatGPT による英文を論文などで使用する場合には，生成された英文の妥当性を判断し，必要に応じて誤りを修正できできる英語力は最低限必要になります．もし，あなたが英語に長けており，ChatGPTが生成した英文の妥当性を適切に判断できるのであれば，英語論文を執筆する際には，日本語原稿をあらかじめ作成し，投稿先の学術誌を意識した条件設定のもとでChatGPTにより英訳を実施し，生成された英文を修正すればよいと思います．一方，ChatGPTが生成した英文の妥当性を判断する英語力がないのであれば，たとえば微妙な内容の修正を求められた場合などに，柔軟に対応することは難しいでしょう．また，論文投稿の過程で，英文に関するトラブルを引き起こしてしまうかもしれませんし，その対応も難しいはずです．実際，多くの日本人にとっては，複雑な条件設定のもとで生成された英文の是非を，適切に判断するのは難しいのではないでしょうか？

そこで本章では，論文の日本語原稿の英文化においてChatCPTや機械翻訳を活用するための適切なプロセスを提案します．まずは機械翻訳のテキストを瞬時に翻訳する能力を最大限に活用し，日本語原稿において意図されている内容を正確に反映した英文を丁寧に作成したうえで，その英文を，さまざまな条件を設定した柔軟な言語生成が可能なChatGPTを活用して校正していくという順序です．そこでは，3C（Clear, Correct, Concise）と呼ばれる考え方を紹介します．これは英文ライティングの考え方の一つですが，本書では，ChatCPTや機械翻訳によって作成する英文の妥当性を判断するための評価基準として活用します．

5.2 3C原則を軸とした英文校正のアプローチ

先ほども少し触れた通り，英語論文執筆のために機械翻訳やChatGPTを使うのであれば，生成された英文の意味や読者に与える印象など，自分の意図が適切に反映されているかを評価できなければなりません．「自分の意図を適切に反映している英文」といいましたが，書き手が英文を書いていくためには，その基準が必要となります．ここでは，その指針として有効と考えられるテクニカルライティングの3Cという考え方を紹介したいと思います．

テクニカルライティングとは，技術的な情報を中心とした専門的な内容を明確かつ理解しやすい方法で伝えるための英文の書き方に関する考え方です．製品マニュアル，ユーザーガイド，技術報告書，本書が焦点を当てている学術論文などの英文ライティングの際に意識すべきことが明示されています．これらの文章は，読み手によって解釈が異なってしまうと，さまざまなトラブルを引き起こしてしまいます．たとえば，製品マニュアルの内容や技術報告書や研究論文の実験手順などが誤って伝わってしまうと，場合によっては大事故につながってしまうかもしれません．また，このような類の英文を読むのは，英語が得意な人ばかりではないはずです．そこで，英語が苦手な人も含め，極力，多様な読者が理解できる英文を書くためのテクニカルライティングの考え方が必要となります．

テクニカルライティングでは 3C と呼ばれる原則に従うことが推奨されています．3C とは，Clear（明確），Correct（正しい），Concise（簡潔）の略です．これらを理解し，意識することで，英語が苦手な人を含め，誰が読んでも同じ意味に解釈される英文を作成することが可能となります．

筆者は機械翻訳や ChatGPT を英文ライティングに活用するには，この 3C の考え方を身につけることが最も実用的であると考えています．現在，機械翻訳や ChatGPT を使えば，誰もが英語の知識の不足を補って，複雑な内容の英文を作成することが可能です．しかし，何度もいいますが，これらにより生成された英文に対して最終的に責任を負うのは使用した人間です．したがって，生成された英文が，想定される読者に意図した情報を伝達できるかどうかを判断するための基準が必要になります．

その基準として汎用性と有効性が高いのが，この 3C の考え方です．機械翻訳や ChatGPT が登場しても英語学習の必要性はなくならないといいました．確かに，これまでのようにひたすら難解な文法や単語を覚える必要性は下がるかもしれません．一方で，この 3C のように，生成された英文を自分なりにブラッシュアップするための知識は今後，重要性を増していくと考えています．

(1) 3Cを達成するための英文執筆のポイント

ここでは3Cの原則を達成するためのポイントを簡単に紹介します．3Cな英文を書くためには，意識すべき重要な三つのポイントがあります．

①誤りのない英文を書く
②同じ情報量であれば少ない語数の表現を選ぶ
③名詞を意識して使う

以下，これらのポイントについて，一つずつ詳しく説明します．

①誤りのない英文を書く：誤りのない英文が求められるのは，テクニカルライティングに関連する英文だけではありません．英文における誤りにはいろいろなものがあります．たとえば，主語と動詞の不一致や不適切な前置詞の使用などの文法的な誤り，単語のつづりの間違い，専門用語の誤用や不適切な語彙の選択，俗語の使用，過度にフォーマルな表現などスタイルの誤りなどが考えられます．これらの誤りは，文章の明確性や正確性のみならず，執筆者の信頼性を損なう可能性があります．

②同じ情報量であれば少ない語数の表現を選ぶ：テクニカルライティングでは，情報の伝達には，少ない語数であることが好ましいとされています．これは例を使って考えるのが一番わかりやすいでしょう．たとえば，以下の日本語を英訳するとします．

日本語：ソフトウェアエンジニアは急速な技術の進歩に追いつくために，定期的にスキルを更新する必要があります．

この日本語の英訳として，以下のような英文が考えられますが，これはかなり冗長です．

例1：It is often the case that software engineers are required to update their skills regularly in order to catch up with the fast-paced nature of technological advancements.

以下のような英訳でも同じ意味を伝えられます．

例 2：Software engineers must regularly update their skills to catch up with rapid technological advancements.

これら二つの英文を読んで比較して，あなたはどのように感じるでしょうか？ 語数を削減して簡潔に同じ内容を伝えている後者のほうがわかりやすいのではないかと思います．これは，同じ意味を伝えるのであれば，語数が少ない方が理解しやすく，記憶にも残りやすくなるためです．本書で扱う学術論文では，特に複雑な情報や概念を扱います．執筆作業を効率的に進めるためにも，不要な言葉を排除して明瞭性を高め，伝えたい情報を効果的に伝達することで，読者の負担を軽減するほうが好ましいことは明らかでしょう．

③名詞を意識して扱う：英文を作成する際には，具体性の維持，冠詞の適切な使用，単数形と複数形の区別など，名詞の扱い方に気をつける必要があります．具体性の維持とは，代名詞を多用せず，適度に具体的な表現を心がけることにより情報を明確にすることです．これにより，文章の意図が確実に伝わり，誤解の可能性を減らすことができます．冠詞の適切な使用とは，不定冠詞（a, an）や定冠詞（the）を適切に使用することにより，名詞が特定のものを指しているのか，一般的なものを指しているのかを示すことで，情報の適応性を読者と共有することです．単数形と複数形の区別とは，これらを正しく区別することで，話題となる項目の数量を常に明確にすることです．文章の意図を正確に伝えることを目的とするテクニカルライティングでは，名詞をこのように意識して扱うことで，明瞭性と正確性を向上させることが重視されています．

また厳密にいえば，名詞を意識して扱うことは，表現したいことを考えている執筆者本人にしかできないことを理解しておきましょう．たとえば，ある名詞を用いる際，それが一つであるのか，複数であるのかということを理解しているのは執筆者本人のみであり，これを文脈のみから判断するには限界があります．よって，特に冠詞の適切な使用，単数形と複数形の区別に関しては，できれば機械翻訳やChatGPTに頼ることなく，自身で適宜判断できるようになっておくことが望ましいと考えられます．

(2) 日本人の英文執筆の癖と3C原則に基づく改善策

一般に日本人による英文は読みにくいといわれています．ここでは，日本人による英文の特徴について紹介し，これを3Cを意識することで改善することを考えます．まずは日本人による英文の特徴を意図的に反映させた以下の英文を読んでみてください．

In the world of the internet and media, it is observed that English plays a crucial role in the access and sharing of information, and it is found to be similarly essential in the fields of international business, science, education, and politics. While there are international conferences and academic journals where English is employed as the primary language, this is considered an indispensable element within a globalized society. The reason why people from different countries and cultures are able to communicate on a common ground is because it is widely recognized that English is extensively used.（インターネットとメディアの世界では，英語は情報のアクセスと共有において重要な役割を果たしているが，国際ビジネスや科学，教育，政治の分野でも同様である．英語が主要な言語として用いられる国際会議や学術ジャーナルがある一方で，これはグローバル化社会において不可欠な要素である．異なる国や文化の人々が共通の基盤でコミュニケーションを取ることが可能になるのは，なぜかというと，英語が広く使われているからである．）

少し誇張しすぎている部分はあるかもしれませんが，多くの日本人が自力で英文を書くと，このような感じになります．これはかなり読みにくい英文です．その理由はおよそ以下の通りです．

①一つの文章が長い
②受動態を使った文章が多い
③ it is ～ to…, it is ～ that …構文が多い
④ there is…, there are… 構文が多い
⑤ if…, when…が多い
⑥内容が抽象的
⑦パラグラフになっていない

⑦の「パラグラフになっていない」については，第 3 章で説明したので割愛し，ここでは，それ以外の項目について考えていきます．

①一つの文章が長い：例文は三つの文により構成されていますが，これらは無駄に長く，読みにくいです．日本語を母国語とする読者に向けて日本語で書く文は，比較的長くても許されるかもしれませんが，英語が苦手な人を含めた読者を意識するテクニカルライティングにおいては，読みやすさと理解しやすさを優先し，3C を意識して一つの文を不必要に長くせず，短く区切ります．特に，われわれ日本人は日本語の文章の中で，「～しているが～」「～である一方で～」「～なのは，なぜかというと～」といった表現を多用し，何かと文章をつなげがちです．この例文だと，黄色でハイライトした部分がこれにあたります．英訳する場合は，これらの文章は必ずしも接続している必要はないことが多いと考えておきましょう．

②受動態を使った文章が多い：受動態は，内容を伝えるための語数が増え，重要な情報が文の後半に出てくる構造であるため，読みにくい英文です．テクニカルライティングでは能動体の英文が標準とされており，受動態は理由がある場合にのみ使います．一方，日本語によるコミュニケーションでは，直接的な

責任を避け，相手に配慮することが好まれるため，直接的な表現よりも間接的な表現が多く使用されます．このような背景が，受動態の使用を促進していると考えられます．われわれ日本人は，意識していないと受動態の英文を多く作ってしまうので注意が必要です．

③ it is ～ to…, it is ～ that …構文が多い，④ there is…, there are… 構文が多い，⑤ if…, when…が多い：われわれ日本人は，意識していないと，これらの表現をやたらと使ってしまうことに関しても注意が必要です．これは，学校での英語教育の影響や日本語との相性がよいことが原因ではないかと思っています．もちろん，これらの表現は文法的には正しいのですが，語数が増え，重要な情報が文の後半に出てくる構造になっており，多用すると英文が読みにくくなります．3Cを意識した英文にするためには，これらの表現は避けるのがよいでしょう．

⑥内容が抽象的：読者との解釈の齟齬を避けるには可能な限り具体的に説明することが重要です．先ほども述べた通り，日本語によるコミュニケーションでは，直接的な表現よりも間接的な表現が好まれます．しかし3Cを意識した英文を作成するためには，情報を具体的に示すことを心がけるとよいでしょう．先ほどの例文の中では，「重要な役割」，「同様である」，「不可欠な要素」，「広く使われている」といった表現です．これらの表現は，正確に英訳したところで，やはり抽象的な印象は残ります．

5.3 機械翻訳を活用した英文ライティング

ここでは，3Cを意識した英文を作成するための機械翻訳の効果的な活用について考えます．近年，機械翻訳は性能をかなり上げており，何も意識せずに日本語を入力するだけでもかなり自然な英文を出力してくれます．たとえば受動態の日本語を入力しても，能動体が適切な場合は能動体の英文を出力するなど，ある程度文脈を判断し，日本人にありがちな癖を回避してくれます．おそらくチャット，SNSや，ビジネス上の日常的なメールのやりとりであれば機械翻訳への丸投げでも十分に事足りると思います．しかし，学術論文や正式な報告書などのフォーマルな文章においては，何度も強調している通り，執筆者がその内容に責任をもつことが求められるため，機械翻訳による英文を確認することなくそのまま使うというのは問題あるでしょう．

(1) 機械翻訳活用の手順

まずは，機械翻訳を使ってより正確な英訳を実施するために，どのようにすればよいかを説明します．一つの方法として，以下のような手順が考えられます．

手順 1：日本語を機械翻訳に入力して英訳する
手順 2：出力された英文を再び日本語に翻訳する
手順 3：英語⇄日本語が成り立つように修正する

この作業は逆翻訳と呼ばれています．手順 1 で入力した日本語と手順で出力された日本語に齟齬があれば，日本語や英文を修正し，意味が一致するように調整します．各手順で意識すべきことを説明します．

手順 1：日本語を機械翻訳に入力して英訳する

日本語を入力する際には，出力される英文が極力 3C になるように，以下に注意するとよいでしょう．

①文章は短く
②主語を明確にする（主語・目的語・動詞の構文を意識）
③専門用語や独特な表現は避ける
④諺や慣用句は使わない（直接的な言い回しを用いる）

①文章は短く，②主語を明確にする（主語・目的語・動詞の構文を意識）：
入力する日本語の段階で，あらかじめ文章を短くすることにより，出力される

ch 5

訳文も短くなります．また，間接的な表現が好まれる日本語では，主語の欠落が多いので，意識的に主語を明確にします．できれば，主語・目的語・動詞の構文を意識するようにしましょう．これにより，冗長な表現を避けてさらに効率的に情報を伝達することができます．

③専門用語や独特な表現は避ける，④諺や慣用句は使わない（直接的な言い回しを用いる）：専門性の高い用語や日本語独特の表現などの英訳には注意が必要です．想定している英文の読者が理解できるように配慮が必要な場合があります．特に，諺や慣用句なども直訳されると意味が通じなくなることも多いので，これらの表現は，直接的な言い回しに換えるのが無難でしょう．

手順２：出力された英文を再び日本語に翻訳する，手順３：英語⇄日本語が成り立つように修正する

出力された英文と逆翻訳による日本語の意味に齟齬がある場合は，英語と日本語の両方を修正することで，自分が伝えたい意味と一致するように調整していきます．日本語の修正は先ほど示した項目をもう一度見直します．英文は，もちろん，ここまで説明した通り3Cを意識して修正します．最終的な英文の確認は自身の責任で実施するべきですが，これらを意識して修正し，入力した日本語と逆翻訳により出力された日本語の意味が一致していれば，ほぼ意図した内容が伝わる英文になっていると考えてよいでしょう．

ここで紹介した逆翻訳は，翻訳作業においてはメジャーな手法で，翻訳ツールの中には，原文の翻訳を行うと同時に，逆翻訳が表示されるといった逆翻訳のための便利な機能が備わっているものもあります．

みらい翻訳（https://mirai-ipf.miraitranslator.com/loggedin/translate_text.php）

例：機械翻訳による英文ライティング

例として，以下の日本語を機械翻訳により英訳していきます．あえて，逆翻訳の結果として，入力した日本語に修正が必要となる例にしています．

日本語：犬も歩けば棒に当たるとはいうが，会議の何気ない一言よって転機が訪れ，突然チームの意見がまとまることがある．

まずは原文をそのまま入力することで生成された英訳とその逆翻訳の結果を示します．

英訳	逆翻訳
They say that dogs can be beaten if they walk, but a casual remark at a meeting can bring a turning point and suddenly the team can come together.	犬も歩けば棒に当たると言いますが，会議での何気ない一言がきっかけとなって，急にチームがまとまることもあります．

一見すると問題なさそうに見えるかもしれませんが，よく見ると，いくつかの細かい問題が含まれています．まず，「犬も歩けば棒に当たる」ということわざです．逆翻訳の結果を見る限り，正確に英訳されているとも思われますが，「犬も歩けば棒に当たる」を直訳した “dogs can be beaten if they walk” という表現が，このことわざの意味を表しているのかは不透明です．また逆翻訳の結果を見ると，原文の日本語では「チームの “ 意見が ” まとまる」となっていたところが，「チームがまとまる」となってしまっています．英訳を確認すると，やはり “ 意見 ” に対応する語が抜けてしまっていることがわかります．

そこで，先ほど紹介した項目を意識して，入力する日本語を以下のように修正します．

ch 5

修正前	修正後
・犬も歩けば棒に当たるとはいうが，会議の何気ない一言よって転機が訪れ，突然チームの意見がまとまることがある．	・行動を起こすことで，予期せぬよい結果をもたらすことがある． ・たとえば，会議での何気ない発言が，転機を引き起こすかもしれない． ・そして，それは突然，チームメンバーの合意をもたらすかもしれない．

修正のポイントは，原文を短い三つの文に分割したこと，「犬も歩けば棒に当たる」をことわざではなく「行動を起こすことで予期せぬよい結果をもたらすことがある」と直接的な表現に変更したこと，そして分割した後の短い文の主語を明確にしたことが挙げられます．この修正後の日本語を機械翻訳により再び英訳しその逆翻訳とともに確認します．

原文	英訳	逆翻訳
・行動を起こすことで，予期せぬよい結果をもたらすことがある． ・たとえば，会議での何気ない発言が，転機を引き起こすかもしれない． ・そして，それは突然，チームメンバーの合意をもたらすかもしれない．	・Taking action can have unexpected positive consequences. ・For example, a casual remark at a meeting may trigger a turning point. ・And it may suddenly result in consensus among team members.	・行動を起こすことで，思いがけないよい結果が生まれることがあります． ・たとえば，会議での何気ない発言がきっかけとなって，転機が訪れることがあります． ・そして，それが突然，チームメンバーの合意につながることもあります．

直接的に言い換えたことわざの意味もしっかりと訳され，今回は“意見”の

訳が抜け落ちることもなく，英訳は原文の意味を正確に反映していると判断できます．細かなことはあるのかもしれませんが，この英文が意図した意味と大幅に異なって伝わることはまずないでしょう．

(2) 機械翻訳による論文の日本語原稿の英訳

では，第4章の手順で作成したAさんの論文原稿の一部を，上記の手順で英訳してみましょう．英訳するのは［序論］セクションのパラグラフです．

［序論］セクション：英語力はグローバル化が進む現代社会において必要不可欠な能力である．近年のグローバル化の進展に伴い，英語は国際的なコミュニケーションの主要言語としての地位を確立している．国際ビジネスの場面では，英語は取引，交渉，契約の基本的な言語として機能し，ビジネスの成功に不可欠である．学術的な研究においても，英語は研究成果の共有や国際的な学術会議でのプレゼンテーションのための主要言語となっている．したがって，英語力の向上は，個人のキャリアの可能性を広げる上で，重要な要素となる．

以下に，原文，英訳，逆翻訳の結果を示します．

原文	英訳	逆翻訳
英語力はグローバル化が進む現代社会において必要不可欠な能力である．	English proficiency is an essential skill in today's increasingly globalized society.	グローバル化が進む今日の社会において，英語力は必須のスキルです．

近年のグローバル化の進展に伴い，英語は国際的なコミュニケーションの主要言語としての地位を確立している．	With the progress of globalization in recent years, English has established itself as the main language of international communication.	近年のグローバル化の進展に伴い，英語は国際コミュニケーションの主要言語としての地位を確立しています．
国際ビジネスの場面では，英語は取引，交渉，契約の基本的な言語として機能し，ビジネスの成功に不可欠である．	In international business settings, English serves as the basic language of transactions, negotiations, and contracts, and is essential to business success.	国際的なビジネスの場では，英語は取引，交渉，契約の基本言語として機能し，ビジネスの成功には不可欠です．
学術的な研究においても，英語は研究成果の共有や国際的な学術会議でのプレゼンテーションのための主要言語となっている．	In academic research, English has also become the primary language for sharing research results and presenting at international academic conferences.	学術研究においても，英語は研究結果の共有や国際学会での発表の際の主言語となっています．
したがって，英語力の向上は，個人のキャリアの可能性を広げる上で，重要な要素となる．	Improving English proficiency is therefore an important element in expanding an individual's career possibilities.	したがって，英語力の向上は個人のキャリアの可能性を広げる上で重要な要素となります．

逆翻訳と英訳を確認し，英訳は原文の意味を正確に反映していると判断でき

ます．一般に学術論文では，日本語独特な表現や諺，慣用句が使われることはないなので，専門用語の英訳を中心に注意すればよいでしょう．繰り返しになりますが，英文に最終的に責任を負うのは執筆者なので，自身で必ず英文を確認してください．以上，第4章で紹介した日本語原稿作成のプロセスも含め，このような手順で機械翻訳とChatGPTを活用することで，日本語の意味を正確に反映した明瞭な英文パラグラフを作成することができます．

English proficiency is an essential skill in today's increasingly globalized society. With the progress of globalization in recent years, English has established itself as the main language of international communication. In international business settings, English serves as the basic language of transactions, negotiations, and contracts, and is essential to business success. In academic research, English has also become the primary language for sharing research results and presenting at international academic conferences. Improving English proficiency is therefore an important element in expanding an individual's career possibilities.

5.4 ChatGPTを用いた英文校正と新たな英語学習

ここでは，先に紹介した手順で機械翻訳により作成した英文をChatGPTで校正し，英語学習に活用することを提案します．まずはChatGPTによる英文校正の必要性について簡単に説明します．

先ほど，機械翻訳を用いた英文ライティングの手順を紹介しました．この手順で作成された英文は，執筆者の意図をかなり正確に反映していることが期待できますが，3Cの観点に立った読みやすさにおいては，さらに学術論文に最適な英文にブラッシュアップする余地があります．ここでは，そのブラッシュアップをChatGPTを活用して行い，それを英語学習に活用することを提案します．

この作業にはプロンプト 12 を使用します．プロンプト 12 により，ChatGPT は，機械翻訳を活用して作成した英文を，3C の原則を意識して校正し，より洗練された英文にブラッシュアップするとともに，実施された校正の各項目に関する詳細な説明を提示します．これを通じて論文の執筆者は，論文の英文のブラッシュアップを行うとともに，英語力向上を図ることができます．

プロンプト 12：英文添削

私は，○○を専門分野とする××課程の△年生です．これまでに研究を実施してある程度の成果が出てきたため，論文を執筆しようとしています．あなたは英文ライティング指導を専門とした優秀な大学教員です．あらゆる学術分野に精通しており，英語論文執筆に悩む学生の相談に親身に乗り，適切なアドバイスをします．あなたは私との対話を通じて，以下の※目標※を達成してください．対話は，※対話における注意事項※に従い，※対話の進め方※に沿って進めてください．

※目標※

私が執筆している英語論文の英文を，以下の条件を満たした英文に校正する

・(a) 誰が読んでも解釈にずれのない 3C（Clear, Correct, Concise）を心がけた英文

・(b) 学術論文にふさわしい英文

・(c) 難解な表現は用いないノンネイティブの読み手でも理解できる英文

※対話における注意事項※

・私が英文ライティングのスキルをアップできるような指摘を心がけてください．

・これから校正をお願いする英文はすべて同一の論文に含まれることを留意し，一貫した用語や表現の使用を心がけてください

※対話の進め方※

以下（1）から（3）を実施してください．

(1) 最初に,
『こんにちは. 私は英文ライティング指導の専門家です. これから, あなたの英語論文の英文校正を行っていきます. まずは, 校正を希望する英文を入力してください.』
と投げかけ私から校正する英文を取得してください.
(2) 続いて, 私が提示した英文の校正を実施し, 校正結果と具体的な校正理由を示し, 私の合意を得てください.
@校正結果と校正理由は以下のフォーマットで示してください.
・校正結果:[校正を反映した英文全体(英語)]
・校正内容:[校正前の英文, 校正後の英文(英語), 校正理由(日本語)]
・(必要に応じて[校正前の英文, 校正後の英文(英語), 校正理由(日本語)]を追加)
(3) 私の合意が得られたら,
『お疲れ様でした. 次に校正を希望する英文を入力してください.』
と投げかけ, 引き続き私から校正する英文を取得し, 私が終了を宣言するまで(2)(3)の作業を繰り返してください.

では, 実際に英文構成を行っていきましょう. まずはChatGPTにプロンプト12を入力します. これまでのプロンプトとは異なり, この英文校正のプロンプトは新しいチャットを開いて入力しても, それほど結果は変わらないはずです. プロンプトを入力すると, ChatGPTが校正を行う英文を入力するように求めてくるので, 機械翻訳で作成した英文を入力しましょう. 入力する分量はパラグラフ一つ分程度とし, 少しずつ丁寧に実施するのがよいと思います.

英文を入力すると, ChatGPTは校正した英文全体と, 校正の内容を項目ごとに理由とともに示してくれます. これらを参照し, 疑問に思うことがあれば遠慮なく質問し, 校正の内容を自分のスキルとして身につけるとよいでしょう. この内容にあなたが合意すると, ChatGPTは次の英文の入力を求めてくるので, 別の英文についても同様にブラッシュアップしていきます.

ChatGPTによる英文校正の例として，機械翻訳を使って先ほど作成したAさんの論文のパラグラフを校正しました．

私は，教育学を専門分野とする修士課程の1年生です．現在，これまでの研究成果をまとめた英語論文を執筆しています．あなたは英文ライティング指導を専門とした優秀な大学教員です．あらゆる学術分野に精通しており，英語論文執筆に悩む学生の相談に親身に乗り，適切なアドバイスをします．あなたは私との対話を通じて，以下の※目標※を達成してください．対話は，※対話における注意事項※に従い，※対話の進め方※に沿って進めてください．

・

プロンプト12

・

こんにちは．私は英文ライティング指導の専門家です．これから，あなたの英語論文の英文の校正を行っていきます．まずは，校正を希望する英文を入力してください．

ありがとうございます．以下の英文をお願いします．

English proficiency is an essential skill in today's increasingly globalized society. With the progress of globalization in recent years, English has established itself as the main language of international communication. In international business settings, English serves as the basic language of transactions, negotiations, and contracts, and is essential to business success. In academic research, English has also become the primary language for sharing research results and presenting at international academic conferences. Improving English proficiency is therefore an important element in expanding an individual's career possibilities.

校正結果：

English proficiency is crucial in today's global society. As globalization advances, English has become the dominant language for international communication. In business, it is fundamental for transactions, negotiations, and contracts, playing a vital role in success. Similarly, in academia, English is the main language for disseminating research and presenting at international conferences. Enhancing English skills is key to broadening career opportunities.

校正内容：

1. 校正前の英文：English proficiency is an essential skill in today's increasingly globalized society.

　校正後の英文：English proficiency is crucial in today's global society.

　校正理由：「increasingly globalized society」を「global society」に簡略化して，より簡潔で直接的な表現にしました．また，「essential skill」を「crucial」に変更して強調を増しました．

2. 校正前の英文：With the progress of globalization in recent years, English has established itself as the main language of international communication.

　校正後の英文：As globalization advances, English has become the dominant language for international communication.

　校正理由：「With the progress of globalization in recent years」を「As globalization advances」に簡略化し，流暢さを向上させました．「established itself as the main language」を「become the dominant language」に変更して，力強い印象を与えるようにしました．

・

・

・

　以上の校正を行った理由は，文章をよりクリアでコンパクトにし，非ネイティブスピーカーにも理解しやすいようにするためです．これらの変更により，3C（Clear, Correct, Concise）の原則に従い，学術論文に適した表現になっています．ご意見をお聞かせください．

以下は，ChatGPTによる英文校正の結果です．校正前の英文に比べ，3Cを意識した完結明瞭な英文になっていることがわかると思います．

English proficiency is crucial in today's global society. As globalization advances, English has become the dominant language for international communication. In business, it is fundamental for transactions, negotiations, and contracts, playing a vital role in success. Similarly, in academia, English is the main language for disseminating research and presenting at international conferences. Enhancing English skills is key to broadening career opportunities.

(1) ChatGPTを活用した英文タイトルの作成

機械翻訳とChatGPTを活用すれば，論文のタイトルを作成することも可能です．ここでは，ChatGPTを活用した英文タイトルの校正について説明します．本文と同様，あらかじめ第4章で紹介したプロンプトで作成したタイトルを機械翻訳で英文に訳し，プロンプト13で校正を行います．プロンプト13の考え方は基本的にプロンプト12と同じです．機械翻訳を活用して作成した英文タイトルを，ChatGPTの力を借りて校正しブラッシュアップします．同時に，実施した校正に関する説明を提示させることで，執筆者は，よりよい英文タイトルについての理解を深めます．

プロンプト13：タイトルの校正：私は，○○を専門分野とする××課程の△年生です．これまでに研究を実施してある程度の成果が出てきたため，論文を執筆しようとしています．あなたは英文ライティング指導を専門とした優秀な大学教員です．あらゆる学術分野に精通しており，英語論文執筆に悩む学生の相談に親身に乗り，適切なアドバイスをします．あなたは私との対話を通じて，以下の※目標※を達成してください．対話は，※対話における注意事項※に従い，※対話の進め方※に沿って進めてください．

※目標※
英語論文の英文タイトルを校正する
※対話における注意事項※
・私が英文ライティングのスキルをアップできるような指摘を心がけてください．
※対話の進め方※
以下（1）（2）を実施してください．
（1）最初に，
『こんにちは．私は英文ライティング指導の専門家です．これから，あなたの英語論文の英文タイトルの校正を行います．まずは，あなたの論文の英文タイトルを教えてください．』
と投げかけ私から英語論文の英文タイトルを取得してください．
（2）続いて，私が提示した英文タイトルの校正を実施し，校正結果と具体的な校正理由を示し，私の合意を得てください．
@校正結果と校正理由は以下のフォーマットで示してください．
・校正結果：[英文タイトル（英語）]
・校正内容：[校正前のタイトル（英語），校正理由（日本語）]

では，Aさんの論文を例として，実際にタイトルを作成してみましょう．

タイトル：特定分野における頻出単語リストの習熟度と英語論文理解度の関係：教育学分野を中心とした比較分析

まずは，本文と同様，逆翻訳を活用して，先ほど作成した論文の日本語のタイトルを英訳します．タイトルの英訳に，意図した内容が反映されていることを確認します．

日本語タイトル	英訳	逆翻訳
特定分野における頻出単語リストの習熟度と英語論文理解度の関係：教育学分野を中心とした比較分析	The Relationship between Proficiency in Frequent Word Lists and Comprehension of English Papers in Specific Fields: A Comparative Analysis with Special Reference to the Field of Education	特定分野における頻出単語リストの習熟度と英語論文の理解度との関係：教育分野を中心とした比較分析

少し長い印象ですが，英訳として出力された以下を仮の英文タイトルとします．

英文タイトル（仮）：The Relationship between Proficiency in Frequent Word Lists and Comprehension of English Papers in Specific Fields: A Comparative Analysis with Special Reference to the Field of Education

チャットにプロンプト13を入力すると，ChatGPTが校正したい英文タイトルを入力するように求めてくるので，作成した英文タイトル（仮）を入力します．入力を行うと，ChatGPTが校正した英文タイトルを提案し，その校正理由を説明してくれます．本文と同様，疑問に思うことがあれば遠慮なく質問し，校正の内容を自分のスキルとして身につけるようにしましょう．

私は，教育学を専門分野とする修士課程の1年生です．現在，これまでの研究成果をまとめた英語論文を執筆しています．あなたは英文ライティング指導を専門とした優秀な大学教員です．あらゆる学術分野に精通しており，英語論文執筆に悩む学生の相談に親身に乗り，適切なアドバイスをします．あなたは私との対話を通じて，以下の※目標

※を達成してください．対話は，※対話における注意事項※に従い，※対話の進め方※に沿って進めてください．

・

プロンプト13

・

こんにちは．私は英文ライティング指導の専門家です．これから，あなたの論文の英文タイトルの校正を行います．まずは，あなたの英語論文の英文タイトルを教えてください．

ありがとうございます．現在，以下のようなタイトルを考えています．いかがでしょうか？

The Relationship between Proficiency in Frequent Word Lists and Comprehension of English Papers in Specific Fields: A Comparative Analysis with Special Reference to the Field of Education

タイトルの提案ありがとうございます．非常に詳細で興味深いテーマですね．以下に校正結果と校正内容を示します．

校正結果：
"Comparative Analysis of Frequent Word List Proficiency and Field-Specific English Paper Comprehension: Emphasis on Education"
校正内容：
- 校正前のタイトル："The Relationship between Proficiency in Frequent Word Lists and Comprehension of English Papers in Specific Fields: A Comparative Analysis with Special Reference to the Field of Education"
- 校正理由：原文のタイトルは非常に情報が豊富で詳細ですが，少し長く複雑に感じられる可能性があります．タイトルを簡潔にし，重要な要素を保持しつつ読みやすさを向上させるため，「Comparative Analysis of Frequent Word List Proficiency and Field-Specific English Paper

Comprehension」という表現に変更しました．これにより，比較分析という研究の核心に焦点を当てつつ，重要な要素である頻出語リストの習熟度と特定分野の英語論文理解の関係性が明確に伝わります．また，「Emphasis on Education」というフレーズを加えることで，教育分野への特別な言及を維持しつつ，全体のバランスを取りました．これにより，タイトルがより明確かつ簡潔になり，主要な研究分野と研究の焦点が読み手に伝わりやすくなると考えます．

いかがでしょうか？ご意見をお聞かせください．

ありがとうございます．簡潔・明瞭なタイトルで素晴らしいと思います．

ありがとうございます．お役に立てて光栄です．もし論文の他の部分で校正やアドバイスが必要でしたら，いつでもお知らせください．英文ライティングのスキル向上に向けて，引き続きサポートさせていただきます．論文執筆の成功を心からお祈りしています．

プロンプト 13 を使って，機械翻訳により作成した英文タイトルを校正した結果，以下のようなタイトルを得ました．もともとの意味を維持しつつ，より簡潔な表現になり読者の目に留まりやすいよいタイトルになったのではないかと思います．

英文タイトル：Comparative Analysis of Frequent Word List Proficiency and Field-Specific English Paper Comprehension: Emphasis on Education

コラム　ChatGPT との対話における丁寧な対話の重要性

ここでは，AI である ChatGPT に対しても，人と同様に感謝の気持ちを忘れずに丁寧な対話を行ったほうがよい結果が得られるのではないかという話をしたいと思います．

本書で紹介しているような ChatGPT との対話において，丁寧な表現を用いてしっかりと向き合った態度で対話を進めるほうが対話の質を高めることができると思われます．たとえば，「ため口」ではなく「です・ます調」を使う．ChatGPT からの提案を鵜呑みにしたり，対話を受け流したりするような態度はしない．何かタスクをこなしてもらった際に，お礼をいうなどに心がけるということです．ChatGPT の提案に対して，適当な回答を続けていると，対話が適当になっていく印象を受けます．逆に提案に対してよかったと思えた点や抱いた疑問に対して，その理由とともに詳しく説明すれば，より精度の高い提案を受けることができるようです．概してこのような丁寧な対応が，より丁寧なレスポンスを引き出すことが，実際に試してみるとわかると思います．

ChatGPT との対話において相手を尊重することがなぜ影響を与えるのでしょうか？　一見，機械にすぎない ChatGPT に対して，どのように対話しても同じであるような気もしますが，ChatGPT が大量の言語モデルを元にして，統計的に最適なレスポンスを返す仕組みになっていることを考えれば，確かに当然のことかもしれません．人間はぞんざいな扱いをする相手にはぞんざいな対応となり自分を尊重した丁寧な対応を受ければ，丁寧な対応になることが多いと思います．ChatGPT は大量の言語モデルを元にして統計的に最適なレスポンスを返す仕組みということでした．ChatGPT が人間により発信された言語データにより形成されたモデルをベースにしているならば，人間と同様に対話の質に応じてレスポンスを返すことには納得がいきます．

ChatGPT に感情はないとのことですが，人間と同様，相手を尊重した対話を進めるほうが，よりよいレスポンスを引き出す可能性が高いとすれば，それはきわめて興味深い現象です．

5.5　AI 技術と英文校正サービスの共存と進化

ここでは，これまでに英語論文の執筆を支援するうえで重要な役割を果たしてきた，有料の英文翻訳・校正サービスや，大学のライティング指導に特化した部署などの今後の役割について考えてみたいと思います．

本書で説明した通り，機械翻訳や ChatGPT といった AI 技術の進化は，英

ch 5

語論文の執筆や校正のプロセスに大きな変化をもたらしつつあります．これらのツールは，これまで執筆者の大きな負担となっていた，論文原稿の作成，文法やスペルのチェック，さらには文の構造や表現の改善などにおいて非常に有用であり，これらの作業の大幅な効率化に貢献することでしょう．では，有料による英文ライティング支援は不要となるのでしょうか．筆者は有料のものを含め，英文ライティング支援に関するサービスは，AI技術と共存するかたちで，今後も存続すると考えています．不要になるどころか，より高いレベルでの役割を果たすようになる可能性があるとさえ考えています．

先ほども述べた通り，AI技術の進化により英語論文執筆の負担は大幅に軽減しますが，その分，執筆者にはより質の高い論文が求められるようになるはずです．AI技術による恩恵は，技術にアクセスできる人が，平等に享受することになります．論文を簡単に執筆できるとなると，今後，世界中のより多くの研究者や学生が研究成果の世界への発信を目指し，積極的かつ気軽に論文を執筆するでしょう．それは，評価の対象となるためにも，執筆者にはより質の高い論文が求められることを意味します．

本書で紹介したのは，機械翻訳やChatGPTを活用して質の高い論文を自力で執筆していく方法ですが，これにも限界があることも事実でしょう．AI技術，特に機械翻訳やChatGPTは，文法や一般的な表現を理解し，基本的な文章の校正は行うことはできそうですが，特定の文化的背景や微妙なニュアンスを完全に捉えることは依然として難しいといえます．さらに，ChatGPTや機械翻訳は文やパラグラフといった比較的短い英文の作成や校正をサポートすることはできますが，論文全体を通じての論理的な流れや一貫性を評価することはまだ完全にはできません．また，現時点でのChatGPTは誤った情報を提供することもあり，人間によるファクトチェックは必須です．すでに何度か強調している通り，現時点では，AI技術による翻訳や校正，論文の内容に関する提案を100％信頼することはできず，最後には人間が責任をもって確認する必要があります．

また，なによりも，語学の向上には人間とのコミュニケーションが必要なのではないでしょうか．第6章で詳しく触れますが，AI技術が進化しても，まだしばらくは英語学習は求められると思われます．英文の翻訳や校正を有料で提供する英語のプロによるサポートには，単に英文の翻訳や校正といった作業だけでなく，個人的なフィードバックなどが伴います．このような人間との対話的なプロセスによって，執筆者自身の英文ライティングのスキルが向上していくのだと思われます．

これらを踏まえると，今後，執筆者が，より質の高い論文を仕上げつつ，自身の英語学習を進めていくためには，英文翻訳や校正サービスを提供する英語のプロとの積極的な協力がますます重要となると思います．筆者も偉そうなことをいえた立場ではありませんが，これまで，英語論文の校正や翻訳を，上述したような英文ライティング支援などに丸投げしていた方も多いのではないでしょうか．今後は，そのような作業の丸投げでは，機械翻訳やChatGPTに丸投げするのと同程度の成果しか得られないかもしれません．有料サービスやAI技術を有効に活用するには，本書で紹介したような方法を通じて，まずは執筆者が機械翻訳やChatGPTなどのAI技術を最大限に活用して，基本的な執筆作業の効率と質を上げ，そのうえで，英語のプロならではのより高度な分析や個別のフィードバックを受けることが有効であると考えます．

まとめ

1. ChatGPTを使った翻訳では，条件を設定することで文脈に合わせたより専門的な翻訳が可能である
2. 効果的な英文ライティングのためには，3C（Clear, Correct, Concise）に基づき，英文を評価できるようになることが有効である
3. 機械翻訳の効果的な活用（逆翻訳）により，執筆者の意図を正確に反映した英文を作成することが可能である

4 英文を ChatGPT により校正することで，英文の質と同時に，ライティングスキルを向上させることができる

5 英語論文の執筆においては，機械翻訳や ChatGPT だけでは克服できない課題が存在するため，プロの英文校正サービスの活用は引き続き重要である

コラム ChatGPT・機械翻訳活用のリスクについて

現在，ChatGPT や機械翻訳をはじめとした AI 技術の進化はわれわれのコンテンツ作成や情報アクセスの方法を根本から変えつつあります．本書で焦点を当てている英語論文の執筆においても，執筆者への言葉の壁による負担が大幅に軽減されるなどの革命的な変化が起こるはずです．しかしその一方で，著作権の侵害や個人機密情報の漏洩といったリスクも存在します．特に，知的財産権やプライバシーに対する現代社会の厳しい視線を考えると，これらの問題は決して軽視できません．よって，本書で紹介したようなかたちで ChatGPT や機械翻訳を論文執筆などに活用する際には，以下の通り，著作権への配慮やデータセキュリティの確保などの注意が必要です．

ChatGPT などの文章生成 AI により生成された文章を公表した場合，意図せず他人の著作権を侵害している可能性は完全に否定できません．このことを踏まえると，生成された文章をそのまま使用することは避け，独自の内容へと加工することが必要だと考えられます．特に論文などの学術的な文章においては，作成した内容を世に出す前に剽窃チェックツールなどを用いて著作権の侵害がないことを確認しておくのがよいでしょう．

また，ChatGPT などの文章生成 AI への個人情報や機密文書の入力についても注意が必要です．使用する AI ツールや機械翻訳サービスのプライバシーポリシーを事前に確認し，どのようにユーザーデータが収集利用されるかを理解しておくことは非常に重要です．特に個人データや機密情報が第三者に共有される可能性がある場合，そのサービスの利用に際しては，個人情報や機密情報の入力を控えるか，使用する AI ツールをデータ保護対策が施された信頼できるものに変更するといった注意が必要になります．

これらの点に留意することにより，生成 AI や機械翻訳のもつリスクを軽減し，その恩恵を安全に享受することができます．技術の進化に伴い，われわれの対応も進化させる必要があります．AI や機械翻訳のユーザーとして，これらのツールに関連するリスクや倫理的な問題について学び常に意識を高く保つことが，問題を未然に防ぐ鍵となるでしょう．

chapter
6

学術コミュニケーションと英語学習の未来

この章のポイント

1. AI 技術の進化は学術コミュニケーションにどのような影響を与えるのか？
2. AI の普及により急速に増加する情報はいかにして処理すれば良いのか？
3. AI 時代に求められる英語のスキルはどのように変化するのか？
4. 研究者の役割と責任はこれからどのように変化していくのか？

6.1 AI 技術による学術コミュニケーションの変革

機械翻訳や ChatGPT などの AI 技術の進化は，本書で取り扱った英語論文執筆をはじめとした学術コミュニケーションに大きな影響を与えるはずです．これらのAI技術は，非英語圏の研究者が英語の障壁を乗り越えることを革命的に容易にしつつあります．ここまでに説明した通り，以前に比べると，英語に精通していなくても英語論文を執筆することはある程度は可能です．また，機械翻訳を使えば最新の研究論文や学術資料を自身の母国語に翻訳して理解することもできるようになりました．このように，情報発信と情報収集のプロセスにおける「言語の壁」が取り除かれることで，研究成果の国際的な共有がさらに促進されることでしょう．これにより英語圏外の国々や，途上国を含む多くの地域で教育と研究の機会が広がり，学術コミュニティへより多くの人が参加することになるでしょう．

さらにいえば，機械翻訳やChatGPTをはじめとしたAI技術の進化は，将来的には言語や専門分野を超えて，さらに広範な知識を瞬時に共有することを可能にするでしょう．たとえば，AI技術の組み合わさったクラウドベースのコラボレーションプラットフォームなどが登場し，学術界での知識の共有やコラボレーションのあり方を根本から変えてしまうかもしれません．このような環境下では，これまで言語的，地理的，文化的な制限があった研究者たちが，AI技術の力を借りて，これらの制限を難なく乗り越え，より平等に研究活動に参加することでしょう．世界中の研究者が同時につながり，共同で研究プロジェクトに取り組むことが一般的になれば，研究のアイデアや成果も今よりはるかに効率的に共有されるかもしれません．

こうなれば，研究者は他者の成果をリアルタイムで検証し，自身の研究に活用するまでの時間は大幅に短縮するはずです．コラボレーションの普及は，学術界を超えて一般社会にまで達し，オープンサイエンスの考え方が社会全体に波及することも考えられます．英語論文執筆に焦点を当てた本書を執筆しておきながら，少々いいにくいことですが，このような未来においては，論文は，知識を共有する手段としては最適なものではなくなっているのかもしれません．大学や研究室の役割も大きく変化しているはずです．

6.2 AI時代の情報リテラシーと目的意識の重要性

AI技術の進化が，学術への参加を大衆にまで広げ，イノベーションを加速させることは，同時に世の中に出回る情報の量を飛躍的に増加させることを意味します．すでに指摘されていることではありますが，研究者や学習者がこのようなAI技術の恩恵を最大限に活用し，効果的に情報を処理し，知識を深め，有意義な情報を発信して評価を得ていくためには，情報リテラシーの重要性がこれまで以上に高まることは間違いありません．

情報リテラシーとは，正確で信頼性の高い情報を見極める能力を指します．機械翻訳やChatGPTのようなAIは，文脈や文化的背景を完全に理解して情報を生成しているわけではないため，しばらくは誤った情報を含むコンテンツの流通を止めることはできないでしょう．したがって，研究者や学習者は現時点でのAI技術の限界を理解し，そこから出力された情報を適切に解釈するためにも，自身の専門知識と判断力により情報の出典を検証し，その信頼性を評価するスキルを磨く必要があります．

さらに筆者は，今後，AIにより大量の情報が生成されるのであれば，情報リテラシーによるその情報の妥当性の判断も重要ですが，それ以上に，自分に必要な情報のみを効率的にピックアップする能力も重要になってくると考えています．仮に正しい知識を大量に収集したとしても，それを何かしらの行動や目的に役立てることができなければ，その知識は意味をなしません．現在，われわれがアクセス可能な知識の量はすでに膨大であり，これを一人の人間が一生かけても処理することはできません．これがさらに増大することになるのであれば，その大量の情報の中から本当に自分に必要なものだけを選択できることが大事なのは明らかだと思います．

このためには，自分はその情報を使って何をしたいのかという明確な目的意識をもっていることが重要です．目的意識が明確でない状態で情報収集しても，それは単に情報を漁っているだけであり，知識の海に溺れてしまうかもしれません．

このようにAI技術の進化は大きな可能性を秘めていますが，その恩恵を最大限に享受するためには，情報リテラシーと目的意識の両方をもって情報を選別し，処理する能力を強化することが不可欠だと思います．これらのスキルを身につけることで，初めてAIの時代においても効果的に情報を処理し，知識を深めて有意義な情報を発信し，自身の評価を高めていくことができるのではないかと思います．

6.3 AI時代に求められる新たな英語学習

本書の締めくくりとして，ここでは，現在のAI技術の進化の流れが，今後の英語学習にどのような変化をもたらすかについて考えます．

筆者は，AI技術が発達しても，しばらくは，ある程度の英語学習は求められ続けると考えています．まず，国際的な学術コミュニティでの議論などを考えた場合，やはり英語で直接コミュニケーションを取れる能力は重要なのではないでしょうか．少なくとも，翻訳機を介したコミュニケーションに対して違和感を覚えない人が多数派を占めるようになるまでは，人間同士の直接的なやりとりの価値は残り続けると考えられます．一方で，英語を学習するうえで焦点を当てるべき英語のスキルは変わっていくとも予想しています．AI技術の存在を前提とした場合，英語学習の範疇は，従来の単なる言語知識の習得にとどまらず，情報を適切に解釈し，選択的に取り出す能力にまで及ぶでしょう．

本書でも説明した通り，現時点では，機械翻訳やChatGPTにより生成される翻訳や文章における，言葉の微妙なニュアンスの理解や正確性については課題があり，しばらくは完全に解決することはないでしょう．つまり，人間が内容に責任を負う必要は残り続けるということです．これは，論文やその他コミュニケーションにおいて英語が用いられている限りは，AIが生成した英語の是非を判断できるだけの英語力は求められることを意味します．また，仮にAI技術の進化が進み，たとえば機械翻訳を介して各個人が母国語でコミュニケーションを行うようになったとしても，AIが提供する翻訳やその他サポートの関連技術のベースになっているのは英語であり，AI 技術を最大限に活用するには，英語に精通しているほうが何かにつけて有利なはずです．

ただし，今後においては，焦点を当てるべき英語のスキルは異なってくるはずです．たとえば従来の英語学習では，大学入試や英語検定試験のように，形式に沿った複雑な文法や難解な語彙の習得に重点を置かれていますが，機械翻訳や ChatGPT などの機能を見る限り，英語学習においてこれらに重点を置く必要性は下がっていると思います．一方で，機械翻訳や ChatGPT を使いこなすためにも，たとえば特定の専門分野の微妙なニュアンスを理解などの高度な専門性に関する英語力を各自が身につける必要性は高まっています．さらに，こういった情報を，迅速かつわかりやすく伝える能力が，今後は重視されるようになるのではないでしょうか．これらは，本書で扱った学術コミュニケーションだけでなく，ビジネスや日常生活においてもほぼ同じことがいえるでしょう．

われわれ個人レベルの専門分野や状況に特化した英語学習のアプローチは，すでに機械翻訳や ChatGPT の活用で可能になっているといえるでしょう．これについては本書の第 5 章で ChatGPT による英文校正の説明でも指摘しました．あくまで私見ですが，今後においては，英語という言語の規則性を最小限の労力で理解したうえで，その後は AI を最大限に活用しながら自身に特化した英語力を向上させていくのが，合理的な英語学習の戦略だと思います．いずれにせよ，英語学習も新たな段階に入っているのではないでしょうか．

まとめ

1. **AI 技術（機械翻訳，ChatGPT）は英語論文執筆や学術資料へのアクセスを容易にし，教育と研究の機会を拡大させる**
2. **AI の普及による情報量の増加により，自分に必要な情報を効率的に選択する能力の重要性が増す**

3. AI が進化しても英語学習は必要であるが，習得すべき英語のスキルは変化する
4. AI 時代に必要となる英語のスキルは，高度な専門性を伴う内容を理解し，それを迅速に伝える能力である

check!

あとがき

本書を執筆した動機は，20 年ほど前の英国留学において，学位取得のための博士論文の執筆で地獄のような苦しみを味わったことに遡ります．学生としての研究生活の集大成である博士論文は，可能な限りきちんとした英語で残そうと考え，ネイティブの指導教員，研究室の同僚，添削業者など，さまざまな人に筆者の論文の英語を見てもらいました．もちろん，彼らは親身に相談に乗ってくれましたし，修正もしてくれました．しかし，論文執筆の作業は遅々として進まず，学位の取得もいつの間にか予定より 1 年以上遅れました．

ここで最も辛かったのが，事態を打開するために何もできなかったことです．一度，修正された部分が元に戻されたりするなど，自分の英語のどこにどのような具体的な問題があるのか，全く見当がつきませんでした．結局，最後までこの問題を克服できないまま，筆者の留学生活は，指導教員のお情けでなんとか学位を取得させてもらうかたちで終了しました．最初は比較的順調に進んだ博士課程でしたが，その終盤で，自分の英語力では身近な人にさえ自分の考えを伝えることができないという現実を突きつけられたショックは今でも忘れられません．

本書の冒頭でも説明した通り，今では，この出来事の根本的な原因は，英語力の不足というよりは，自身の英文の評価や修正を他人に任せようとする態度でいたこと，そして指導教員との間に論文の内容に関する考えにすれ違いがあったこと（そもそも研究の内容自体が比較的初期の段階から共有できていなかったこと）であったと考えています（本書ではこれを「認識のずれ」と表現しました）．

実は，筆者が英国留学を決意したのは，学部生のときに取り組んだ卒業研究がうまくいかなかった原因を，研究室から与えられたテーマのせいにしたためでした．その後，留学先で博士論文の執筆に苦労したのは上述の通りですが，今になって思えば，学部時代に卒業研究がうまくいかなかった原因も，研究の目的やそのために実施すべきことが指導教員や同僚と共有できていなかったことに行き着きます．これらは筆者の人生に大いに影響を与えた苦い経験ですが，卒業論文と博士論文で行き詰まった原因が共通しているとの結論に最終的に至ったのは実に感慨深いものです．

このような背景もあり，筆者は，これまでに英語論文に関連した書籍を何冊か執筆してきました．わりと早い段階で，「認識のずれ」の解決が求められているという問題意識はもっていたものの，これらの書籍ではこれに関して詳しく述べる機会が得られずにいました．この「認識のずれ」の回避に着目した書籍として2023年12月に『あなたは大学で何をどう学ぶか――生モノの研究テーマを見つける実践マニュアル―』（化学同人）を出版させていただく機会に恵まれたのですが，この本では論文執筆との関連性について触れられなかったことが少々心残りではありました．

幸い，本書でも紹介した通り，近年，機械翻訳やChatGPTなどのツールにより，英語という言語を運用することのハードルは大幅に下がっています．そのお陰もあって，本書では，論文における英語に関する技術的な説明を大幅に削減し，その一方で，これまであまり着目されてこなかった「認識のずれ」にも焦点を当てることができたことは自分の中では大きな前進だと思っています．

本書を執筆していて改めて考えたことは，このまま技術が進化していけば，近い将来には誰もが同じクオリティの論文の執筆が可能となって，その後はどうなるのだろうということです．現状は，同程度の価値の研究ができる研究者であっても，英語論文が上手く書けるか否かで評価にある程度の差がついていると考えられます．だからこそ，本書を手に取ってくださる方がいるのだと思います．ただ，本書で何度も述べた通り，機械翻訳やChatGPTにより言語の壁は克服されつつあり，問題解決手法を専門とする自分としては「認識のずれ」の回避も不可能ではないと考えています．

近い将来，誰もが問題のない論文を簡単に執筆できるようになるのであれば，より多くの人が，興味のある研究に本気で取り組むことができるようになると思います．これは，恵まれている一方で，けっこう大変なことだとも思います．筆者は英国に留学する際，留学することや，学位を取得する意味については深く考えず，とあえず英語を身につけておけば，いろいろと有利になるかもしれないと考えていました．実際，そのときに身につけた英語に助けられながら，その後の人生において，いろいろありながらも自分が何をしたいのかということをじっくり考えられたのは確かです．おそらく今後は，こういったことを考える余地も時間も減り，取り組むべきことを早い段階で決定し，それを通じてどのように世の中とかかわっていきたいかを明確にすることが求められるようになる気がしています．

最後に，本書『ChatGPT を活用した英語論文執筆の基本—機械翻訳を併用した最強の手法—』を最後までお読みいただき，ありがとうございました．タイトルでは ChatGPT という言葉を使っていますが，今後，他の対話型 AI が ChatGPT に代わって主流になる可能性もあるかもしれません．しかし，この本で紹介したノウハウは，基本的には変わらないと考えていることから，タイトルに「基本」という表現を入れています．

また上述した通り，筆者は問題解決手法，英語論文執筆，研究支援などに関する書籍を出版しています．筆者のこれまでの書籍などへのリンクは以下にまとめていますのでご興味のある方は，こちらも是非とも参照いただければと思います．

リンク：https://ameblo.jp/westmountain-kiyo/entry-12862210370.html

■著者略歴

西山 聖久　（にしやま　きよひさ）

タシケント工科大学（ウズベキスタン）教授，副学長．株式会社発想工房代表取締役．博士（工学）．
2003年に早稲田大学理工学部卒業，2008年に英国バーミンガム大学機械工学科博士課程修了．
株式会社豊田自動織機勤務，名古屋大学工学部・大学院工学研究科講師，名古屋大学国際機構国際連携企画センター特任講師を経て，現職．
専門は，価値工学（VE）・発明的問題解決手法（TRIZ）といった経営管理手法を活かした工学教育の研究（とくに英語教育，留学生教育，創造性教育など）．
連絡先☞ nishiyama.kiyohisa@gmail.com

本文のイラスト　おうめ

ChatGPTを活用した英語論文執筆の基本
機械翻訳を併用した最強の手法

2024年10月1日　第1版　第1刷　発行
2025年 3月1日　　　　　第2刷　発行

検印廃止

著　者　西 山 聖 久
発行者　曽 根 良 介
発行所　(株)化 学 同 人

〒600-8074　京都市下京区仏光寺通柳馬場西入ル
編 集 部　TEL 075-352-3711　FAX 075-352-0371
企画販売部　TEL 075-352-3373　FAX 075-351-8301
振替　01010-7-5702
e-mail　webmaster@kagakudojin.co.jp
URL　https://www.kagakudojin.co.jp
本文DTP　西濃印刷株式会社

ISBN978-4-7598-2385-1

本書の感想を
お寄せください